成都学术沙龙

Chengdu Scholarly Salon（2012）图文集

成都市社会科学界联合会　编著

成都时代出版社

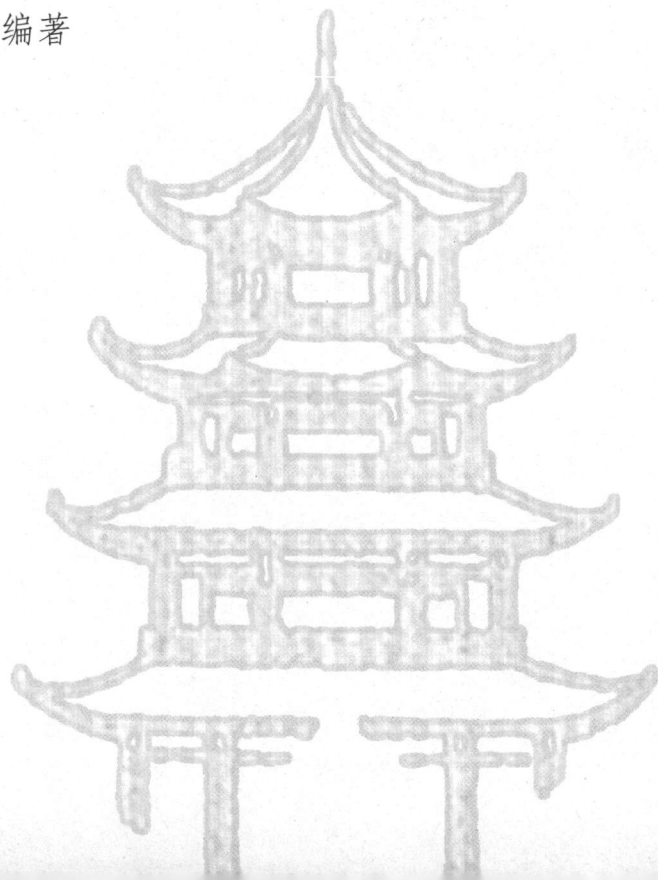

U0748404

图书在版编目（CIP）数据

成都学术沙龙（2012）图文集/成都市社会科学界
联合会编著. 一成都：成都时代出版社，2013.5
ISBN 978-7-5464-0898-9

Ⅰ.①成… Ⅱ.①成… Ⅲ.①学术交流-概况-成都
市-2012 Ⅳ.①G322.771.1

中国版本图书馆CIP数据核字（2013）第092278号

成都学术沙龙（2012）图文集
chengdu xueshu shalong（2012）tuwenji
成都市社会科学界联合会 编著

出 品 人 段后雷
责任编辑 蒋雪梅
责任校对 李 航
装帧设计 林锡红
责任印制 干燕飞

出版发行 成都传媒集团·成都时代出版社
电 话 （028）86742352（编辑部）
      （028）86615250（发行部）
网 址 www.chengdusd.com
印 刷 四川经纬印务有限公司
规 格 210×285mm 1/16
印 张 8
字 数 250千
版 次 2013年5月第1版
印 次 2013年5月第1次印刷
书 号 ISBN 978-7-5464-0898-9
定 价 35.00元

《成都学术沙龙（2012）图文集》编委会

▌前　言

　　"成都学术沙龙"是在贯彻落实四川省委、成都市委关于推进社会科学事业繁荣发展的相关文件精神，在中共成都市委宣传部直接领导和指导下，由成都市社会科学界联合会与成都日报社共同主办的社会科学学术交流平台，也是繁荣发展成都社会科学研究、联系党和政府与群众沟通、推进社会科学普及、宣传社会主义核心价值观、培育社科人才和人文科学素养、提升社科及文化创造活力、引领社会思潮凝聚社会共识的重要载体和基地。成都学术沙龙旨在充分发挥学术交流作为社会科学创新源头之一的作用，倡导解放思想、实事求是，畅所欲言、资政育人，活跃学术研究，鼓励文化创新，增强我市文化软实力，提升科学人文素养，营造理论学习氛围，激发社科工作者的创造力，促进创新人才成长，培育成都学派。

　　成都学术沙龙自2010年初创办到2012年岁末为止，各区（市）县社科联和各学（协）会经过近三年的努力，切实发挥了本地区社科工作者的作用，紧密围绕市委市政府的中心工作及经济社会发展中的理论和现实问题开展学术沙龙活动，使成都学术沙龙逐渐实现了品牌化、规范化、系列化、高端化，成都市社科工作的影响力逐渐增大。市社科联按照《关于开展"成都学术沙龙"活动及征集2010年选题的通知》、《"成都学术沙龙"活动方案》、《"成都学术沙龙"管理暂行办法》、《关于开展2012年度"成都学术沙龙"活动的通知》等相关文件的规定，对学术沙龙的具体运作和实施进行了有效的监督和管理。

　　成都学术沙龙由市级各学会、协会、研究会，区（市）县社科联和市级高校、相关研究机构负责承办。各承办单位根据自己的工作实际和学科特点，自行设计沙龙的具体选题（话题）。沙龙以中国特色社会主义理论体系为指导，既可围绕市委市

政府中心工作和当前社会热点，运用社会科学理论探索解决问题的途径和方法，体现社会科学理论联系实际的特点，亦可探讨本学科具有前沿性和创新性的理论问题，体现高、精、深、特的理论水平和学术特色。沙龙采取领衔专家（或主讲人）主持、其他参与者自由讨论质疑的形式举办，每次会期半天。沙龙倡导大胆创新，倡导交流互动，倡导争辩质疑。沙龙参与者应观点新颖，口吐新言，言之有物，不讲假话、空话和套话，不重复别人观点，不长篇大论宣读论文，不用引经据典。沙龙不限场地，可在政府机构会议室、宾馆会议厅、学校教室、单位办公室、城镇社区文化站、公园会所农家乐、古镇名胜古迹、寺庙教堂、艺术家工作室、文化产业创意园区等，甚至可在农民家中举办。沙龙不限规模，5人以上就可举办，人少举办成小型圆桌会议，人多可以举办成大型论坛。沙龙不论高低，参与人员有著名专家学者、党政干部，也有学生、工人、农民，人人平等，谁都有发言权。

　　到2012年底，全市各区（市）县社科联、市属院校和各学会、协会、研究会，周密策划，精心组织，把开展沙龙活动的各项工作落到实处；同时，借助"成都社会科学年度论坛（2012）"的举行，将学术沙龙与年度论坛活动相结合，逐步使得学术沙龙活动更加规范化、标准化、高端化、系列化。各承办单位结合自身的学科优势和特点，以本地的学（协）会、党政相关部门、科普基地等为依托，开办了学科门类广泛又各具本土特色的各类学术沙龙，如：金牛区"北改"系列沙龙；市委党校系统邓小平理论研究会"加快培育发展战略性新兴产业"、"领导干部素质与媒体"系列沙龙，"天府新区建设"系列沙龙和"推动成都产业发展"的相关系列沙龙等；青白江区"农业科技沙龙"；温江区"加快国际化进程思想再解放"；青羊区

"青羊‘产业倍增’"；金堂县"和谐社区建设与管理"；新津县"天府新区建设与文化保护"相关的系列沙龙；龙泉驿区"客家文化"系列研讨会；锦江区"推进国际化进程，打造精品锦江"系列沙龙；双流县"深入挖掘‘槐轩文化’彰显城市文化底蕴"和"天府新区建设"系列主题沙龙；国学研究会"巴蜀全书佛教"、"国学故事会"；易学研究会"易学与和谐社会"、"周易与现代生活"等系列沙龙。

2012年，全市各区（市）县社科联、各学（协）会、市委党校、市属高校积极参与成都学术沙龙活动。沙龙的主题可大致归纳为六大类，即"凝聚智慧力量　助推新区发展"、"聚焦成都‘北改’　提升城市品位"、"树立国际理念　建设现代城市"、"倡导以人为本　促进文化繁荣"、"探讨产业发展　服务地方经济"、"统筹‘三圈一体’　共建社会和谐"等。成都市社科联依据《"成都学术沙龙"管理暂行办法》的规定，对每个季度学术沙龙活动的开展情况进行等级评定，还对品牌化、规范化、系列化和高端化的沙龙活动进行了奖励，目的是总结经验，促进沙龙的可持续发展。

2012年，成都学术沙龙共举办了139期，参加者超过5000余人（次），受到了全市社科联组织和社科工作者的普遍欢迎，他们对沙龙推动基层学术研究和地方文化建设起到的积极作用给予高度评价；市社科联"成都社会科学在线"网站刊载学术沙龙54期，编辑印发成都学术沙龙专栏、专刊（时讯）共10期，进一步扩大了沙龙的社会影响力。通过精心筛选，我们将本年内举办较好的80期学术沙龙活动进行了整理，编辑成集。

总结三年的实践经验，成都学术沙龙已经成为加速社会科学成果转化的平台、联系党和政府与群众沟通交流的桥梁、增强城市文化软实力的载体、宣传社会主义核心价值体系的阵地、培育社科人才提高人文科学素养的基地、普及社科知识服务科学发展的课堂、提升全市文化创造活力的源泉、保障群众文化权益展现文化生活多样性的舞台、引领社会思潮凝聚社会共识的原动力。

在全面建成小康社会的进程中，随着改革开放与人们物质生活的丰富发展，人的精神生活显得越来越重要，党和国家也越来越认识到文化在物质生活建设过程中的重要性。从党的十七大到十八大报告当中可以看出，我们党对文化自觉和自信的认识在不断深化，特别是十八大报告将建设文化强国推向了一个新的高度，不仅提出了"扎实推进社会主义文化强国建设"的思想和目标，还对文化在整个社会发展中的地位和作用进行了更为全面的阐释。为了贯彻落实十八大关于建设社会主义文化强国的精神，成都学术沙龙将继续深入开展社会主义核心价值体系的宣传、学习和教育，积极培育社会主义核心价值观，继续坚持依法治国与以德治国相结合，推进公民道德建设工程，继续坚持以人民群众为中心，提升成都学术沙龙质量，面向基层、服务群众，更加贴近实际、贴近生活、贴近群众，创造更多百姓喜闻乐见的沙龙主体和形式，使沙龙活动更加具有生命力和活力，推动成都走上一条科学、协调和可持续的文化发展之路，实现文化强市目标。

成都市社会科学界职合会

2012 年 12 月

目 录

凝聚智慧力量●助推新区发展

天府新区新津分区建设大家谈

2012年11月19日，新津社科联在县城南岸柴火烧鸡农家乐举办了本年度第六期"成都学术沙龙"。本期沙龙是2012年度社科论坛的科普活动项目，沙龙的主题为：天府新区新津分区建设大家谈。沙龙邀请了县政协、文广体新局、师范校等单位的同志参加。沙龙与会者围绕主题畅所欲言，对天府新区新津分区的建设提出了很多很好的建议。本次沙龙主要是综合性地探讨新津分区的建设，就新区软环境、新区软元素的建设表达见解。

新津分区主要包括两个乡镇，即金华、普兴。这两个镇虽然划入天府新区，但行政隶属仍属于新津，因为新区是一个经济区划，不是一个行政区划，因此，新区的建设要和新津的其他区域的建设彼此关联融合。也就是不要把新区当成"独立王国"来建设，它的建设下一步会很快，因此必须提前考虑它的建设会如何影响到其他区域。比如它在城乡环境管理方式和指标不要另搞一套，要和其他区域相容，或者要通过新的一套方式和标准，促进新津城乡环境管理整体上升一步。新津的发展始终要和新区的发展同步，要保持二者均衡发展，如果新区发展很快，而新津其他区域与新区形成巨大的反差，这对新津的整体将是很不利的，会形成一个割裂的新津。因此，对新区的发展政策，也应该惠及本县其他区域，是二者的发展互相借势。

新区将来在教育、文化建设上要紧密筹划，扎实发展，务必使教育、文化促进建设。按照有关规划，新区将容纳30万人规模，这个规模中有相当比例将是常住人口，因此，他们的文化需求是必须考虑的。文化优化环境，也营造人口的归属感。可以设想，未来新区人口的构成，绝不会仅仅是农业或农民工人口，其中受过良好教育的年轻人将是主流，而且高端人才也将会占一部分。因此，他们的文化需求将是地方政府必须考虑的一件重要大事。显然，他们的文化需求也是分层级的。阅读、观影、看展、酒吧、体育锻炼可能是主要的文化消费形式，而其中还有内容格调的细分。因此，从前那种经营乡镇文化站的模式显然过时。为什么这样说？因为金华、普兴是乡镇格局，旧的经营模式很容易影响到我们的思路。因此我们必须跳出来，以超前的思维营造我们新区的文化氛围，以期吸引人才、吸引企业。总之，新区既是工业区、也要有丰富的文化生活。为此，新区在文化设施规划上，要着力规划好图书馆、影剧院、体育场馆，并将其经营成模范文化场所。

新区的教育建设也要高度重视。目前，终生教育意识已成共识，新区将来的年轻人虽然受过较好教育，但他们无一例外都面临继续教育、终生教育的人生课题，否则，未来怎么发展？因此，我们在新区要有远见地引入有较高质量的公办、民办的教育机构，而且主要是针对继续教育、技能教育，以满足新区就业年轻人的教育需求。

以上教育、文化建设到位，将对新区的活跃与发展产生极大的意义。教育、文化绝不是产业的附属，搞得好将有力吸附产业落地生根。即使某一个产业萧条，新的产业也会落地。相互借力，共同生长。这个认识我们必须要具有，必须要牢牢成为我们谋划新区的一个前瞻性思维。

社区建设也将是新区建设的重要内容。新区内的金华宝丰、普兴是农村社区，但它们未来将有爆发式的发展。首先新区内人口将极其快速增长。新津目前是30万人，面积331平方公里，按照规划新区将容纳人口30万人，估计其中有一部分将来自新区以外的本县其他区域，另加外来人口，因此社区建设压力将倍增，原有的农村社区管理模式显然不行。原来的农村社区必然转换成工业社区，且人口暴增，因而管理必须改换方式。要以一种开放式的心态接受外来人员、新增人员。社区必须要有完善强大的服务功能，切实解决社区人员的具体困难，使社区充满浓郁的归属感氛围，培育社区健康积极的形象。这里最应该强调的是社区服务精神，因为服务对象与社区之间没有必然的管理与被管理的关系，因而必须要以周到、细致的服务为社区民众服务，使

民众能切实感受到社区的温暖，从而将社区当成自己的家园。

还要以开放的姿态来建设社区，让社区居民参与到社区管理中来，培育"社区是我家，人人都爱它"的氛围。因此，培养社区自愿者是社区建设的一项重要工作。毕竟社区扩大后，许多的工作不可能仅仅靠社区工作人员操作，紧紧依靠社区自愿者，通过他们来传递社区的服务将大大提高社区的服务效率，从而让居民处处感受到政府的关怀。要高度重视社区建设，这是天府新区新津分区建设的重要工作点，也是新区能否快速健康发展的重要基础。

可以预料，金华宝丰、普兴的扩张将大大加快，因而场镇的规划应提前着手，既要保留这两个场镇的乡土风味，也要具有现代小城镇的格调，公共空间、交通都必须科学规划。由于新区地域的限制，交通规划必须科学，要以公共交通为主，无缝对接、自由转换，使空间得到最好的利用。避免新的场镇出现拥挤的格局。要使其干净、舒适、宽松、通畅、环保、低碳。

总之，新区建设应该在教育、文化、社区这些软元素上积极想办法，以新的思维、科学的规划来推进新区软环境的建设。

建言新津天府新区
新行政中心建设

2012年9月28日，新津社科联在南河南岸柴火烧鸡农家乐举行了主题为"新津天府新区新行政中心建设大家谈"的沙龙。本次沙龙邀请了县环保、建设、规划、文体广新等部门和新闻中心等单位相关人员参会。

　　天府新区新津分区面积约76平方公里，包含了金华和普兴两个镇。主要涵盖了两大重要产业，一块是新材料产业，另一块是现代物流产业。可能还要规划一些现代农业、生态农业和一些重要的旅游景点，因为涉及到龙门山旅游功能区。

　　目前，新津提出的发展总体目标是建设"幸福新津"，并提出了实现这一目标的"一核两化五提升"发展战略。"一核"，即以天府新区新津分区作为全县经济发展的核心引擎；"两化"，即着力推动产业高端化、城乡一体化；"五提升"，即不断提升产城一体、城乡建设、对外开放、民生福祉、社会文明水平。按照这个方向，新津天府新区未来将是一块非常繁荣、现代的区域。这个区域就是新津的经济中心，因此这个区域的建设在考虑经济建设的同时，还应该考虑增加其区域功能。在此区域建设全县的行政中心应是考虑的重点。

　　所谓建设行政中心，即是将现在位于县城的县委、县政府系列机构迁移到天府新区新津分区。因此，建设新行政中心其实就是建设一个新县城，或者说是副县城、第二县城。这个想法不是现在就有的，大约在20世纪90年代中期以来就有建设新县城的想法。由于经济社会的发展迅速，建设一个新县城的可能性在迅速增加，目前依托新津天府新区的建设，提出新县城的规划是切合实际的。

　　新津县城建设发展的历史大约有三段。建县始于北周闵帝元年，当时的具治在岷江南岸邓公场，此地维持了80年后迁至岷江东岸原老五津镇，此地过了50年后迁至南河北岸即今之县城，一直至今。所以，目前的县城可以说历史非常久远。为什么要迁移，主要基于交通考虑。目前的县城为新津区域的中心，各个乡镇都有水道抵达县城，非常便于联系和管理。经过二三十年来的发展，目前的县城承载力趋于饱和，格局狭小，道路狭窄，出行、生活、文化设施受到相当限制。目前城区约10平方公里，人口约13万人，并且流动外来人口还在增加。因此一味摊大饼式的扩充县城似乎也不是好办法，建设一个新县城的设想应该考虑。

　　建设新县城有几方面的好处，一可以减轻老县城的压力。二可以带动天府新区

新津分区的建设。可以预见，新津未来的经济重心将转移到天府新区新津分区，按照有关规划，此地将容纳30万人，因此，从现在起着手规划新县城是势所必然。新津天府新区建设是一个愿景，是一个过程。现在规划建设新县城将会逐步带动新区的建设。行政中心是一个区域的核心，很多重大产业项目都紧紧联系着行政中心，它是一个风向标。一般说来，行政中心在哪里，哪里就会引来重大项目，使得这里逐渐成为经济中心。因此，以在新区建设新县城带动天府新区新津分区发展应是值得重点考虑的。

目前的担心是，新县城建设起来后人气不旺，成为人烟稀少的死城。这个担心有一点道理，但不是不可以克服。从长远看，这个担心可以自然化解。因为新津的地域与人口关系必然要求新津要寻找人口的新安置地。全县面积331平方公里，人口近30万人，每平方公里约1000人。新津地处成都约37公里，地理位置优越，未来发展不可限量，人口将呈现长期增长态势，因此新城人气不旺问题容易化解，当然这也需要一个过程。那么现在该做的，一是抓紧新区招商引资，以重点项目、带动性项目促进就业增长；二是在抓紧新区招商引资的同时，规划建设新县城，使二者互动共同飞跃。

新县城的规划应控制在7到10平方公里之间，人口承载不超过10万人。具体地点应选在原老五津镇至岳店社区之间，也即沿着金马河摆布，这样做主要考虑此段地域面积有限，贪多求大反而会抑制新县城的未来发展。精致化一点，重点突出其行政功能，使新县城的定位更加精准，如此可以使新县城有序发展。新县城的生活、文化、交通、商业功能应按照高标准来规划建设，使其宜居、宜业。可以预见，未来新县城，面山临水，风光秀美，设施齐全，成为新津新的发展地标。至于老县城，由于二者之间只隔三渡水，公交完善后，两地的融合会加快，使得新城老城表面上是两个区域，但其实又看成一块区域，老城的承载压力会减轻，新城会日益繁荣。

总的看来，新县城的建设势在必行，早规划、早开建，将会带动新津天府新区的起飞，进而带动全县经济的跃升。

天府新区建设与牧马山农耕文化保护

2012年6月28日，新津县社科联举办了一场"天府新区建设"主题沙龙，沙龙围绕"天府新区建设与牧马山农耕文化保护"主题展开。本次沙龙邀请了县政协原副主席吕志全先生、县文联兼职副主席周明生先生、新津师范校退休高级讲师陈清世先生、文井中学原校长何绍先先生、新津民航退休高级工程师唐达顺先生等。

本次沙龙主要围绕四个方面展开讨论：一是天府新区新津分区发展目标规划，二是牧马山农耕文化历史，三是牧马山农耕文化有无保护之必要，四是产业新区与农耕文化和谐并行之意义。

天府新区整个新津分区的面积约76平方公里，包含了金华和普兴两个镇。这76平方公里主要涵盖了两大比较重要的产业，一块是新材料产业，另一块是现代物流产业。可能还要规划一些现代农业、生态农业，或者说是一些重要的旅游景点，因为涉及到龙门山旅游功能区。目前，新津提出的发展总体目标是建设"幸福新津"，并提出了实现这一目标的"一核两化五提升"发展战略："一核"，即以天府新区新津分区作为全县经济发展的核心引擎；"两化"，即着力推动产业高端化、城乡一体化；"五提升"，即不断提升产城一体、城乡建设、对外开放、民生福祉、社会文明水平。

按中共新津县第十三届委员会第一次全体会议精神，新津要争当全市"尾雁快飞、尾雁赶超"的领头雁和"圈层融合"的生力军。首先就要以天府新区新津片区为载体，在新材料产业发展上率先突破，努力形成新津工业倍增发展的主体力量。新津将把天府新区新津分区建设作为全县工作的重中之重，围绕新材料主导产业，着力将新区建设成为支撑有力、功能完善、环境优美、带动作用大的高端产业发展聚集区。为此，将有如下举措：一是建设宜业宜商宜居新城。坚持"产城一体"理念，加快推进区域内基础设施、配套设施和公共服务设施建设，实现产业发展和城镇建设相互交融和互动发展，力争通过三年努力，初步建成宜业、宜商、宜居的现代化产业新城。二是推动新材料产业跨越发展。围绕市委"产业倍增"战略，积极扶持壮大一批带动性强、竞争优势明显的新材料产业集群，力争通过五年努力，新材料产业产值达500亿元以上，推动四川新津工业园区向千亿级园区迈进、升级为国家级工业园区。三是引进一批重大产业化项目。全面落实市委"全域开放"战略，按照"西部领先、全国一流"标准，推动产业领域和县域空间全面开放，着力引进一批世界500强、国内100强的旗舰型、总部型、行业领军型企业，为新区建设提供持续动力。四是不断提高核心竞争力。把增强自主创新能力作为推动新区建设发展的关键，鼓励企业加大研发投入，支持企业申报、建设技术中心，加强与高校和科研机构合作，加快形成产学研紧密结合的技术创新体系。

新区的愿景发展目标相当诱人，可能需要较长时间慢慢发展。这个过程不可避免要和牧马山的农耕文化发生一些冲撞。因此，如何看待牧马山农耕文化值得我们思考。

天府新区包含整个牧马山地带。这个地带是成都平原较为独特的丘陵台地，海拔400~500米。清代以前，此地处于沉睡状况，清初移民运动后，牧马山开始走向农业开发。由于牧马山地势高，水利灌溉非常困难，农业发展的基础非常薄弱，因而起码上千年的历史都只是作为放马场，山也是因为放马得名。清代开始后，来自广东的移民

发挥从家乡带来的农耕技术，辛勤耕耘，逐渐发展出一套旱地耕作法，让牧马山区农业得到了发展。牧马山的旱地农耕技术有几点值得注意，一是水利灌溉，借山势挖水塘蓄储雨水。二是推广旱地作物，清代初年，适于旱地种植的红薯、玉米、花生、地瓜、海椒进入中国，移民将这些旱地种子带入牧马山区种植。三是挖土窖储存收获的作物。这三样农业技术的推广，再加上移民的辛勤耕耘，使牧马山的农业终于得到了发展，并形成了以上作物独特品质。根据老《新津县志》的记载，大约到乾隆前期，牧马山的旱地农耕已经相当成熟，新津的著名风景中有一个专门景点就是属于牧马山的，即"牧马秋成"，意思是秋天牧马山作物丰收时的景象，由此可见当时牧马山农业的繁华。归结起来，牧马山的农耕与成都平原的农耕不一样。前者是旱作农业，平原属于稻作文化，需要大量水的灌溉。因此牧马山农耕属于成都平原农耕中较为独特的一种类型，值得考虑获得某种历史文化保护。

牧马山农耕文化有无保护的必要？整体性保护不可能，但保护部分似有必要。第一，农耕文化是文明之根，是社会存在的基础。中国是农业大国，永不可能忘记脱离农业。成都属于天府之国，农业历史悠久，在祖国农耕文化史上占有重要地位。因此天府新区建设理应包含辖区内农业的建设。第二，牧马山农耕文化有特殊价值，体现了牧马山人开拓进取的智慧，是成都农耕文化的一片特殊风景，有一定的历史意义。第三，牧马山农耕属于丘陵台地，又在平原核心地带，农业景观大气美丽，非常适合观赏。基于这三个理由，我们认为，应当对牧马山区农耕文化作一定保护，让后世能理解认识这片山地。

产业新区建设与农耕文化的保护并不冲突。成都提出建设生态田园城市大理念，城中有园，园中有城。牧马山的农业景观如果能得到某种程度的保护，农耕文化能得到展示，产业新区将会呈现一种极其崭新的面貌，而产业也会得到进一步上升。这里面的道理在于，农业与人性的需要契合得更加紧密，而现代工业产业却带有冷冰冰的意味，缺乏温情。因此二者并行发展、和谐发展会使牧马山地区更加呈现一种欣欣向荣的繁华景象。一定程度农业景观的留存，会让这片地区更具有人情味，更具有人居的意义，同时也体现天府新区文化的多样性。

我为天府新区建设献计策

2012年5月24日，由成都市社科联主办、中共双流县委宣传部与双流县社科联承办的"天府新区建设主题沙龙"在黄龙溪古镇举行。市社科联副主席、社科院副院长阎星，市社科联学会学术部主任杨鸣，武侯区、龙泉驿区、新津县等相关区（市）县及媒体记者40余人参加了沙龙，沙龙由双流县委宣传部副部长张守伦主持。沙龙主要围绕天府新区建设，如何组织好学术沙龙进行讨论，对天府新区建设中"势态"、"业态"、"生态"、"文态"等方面出现的问题也进行了深入探讨。

天府新区以成都高新技术开发区、成都经济技术开发区、双流经济开发区、彭山经济开发区、仁寿视高经济开发区以及龙泉湖、三岔湖和龙泉山为主体，主要包括成都市高新区南区、龙泉驿区、双流县、新津县、资阳市的简阳市、眉山市的彭山县、仁寿县，共涉及3市7县（市、区）37个乡镇和街道办事处，总面积1578平方公里，其中在成都范围内的面积有1293平方公里，城镇建设用地规模650平方公里，剩余的将是各类生态用地。天府新区将建设成为以现代制造业为主、高端服务业聚集，宜业宜商宜居的国际化新城区，形成现代产业、现代生活、现代都市三位一体协调发展的示范区。

成都市社科联副主席、社科院副院长阎星认为，天府新区建设，是国家赋予四川的重要任务，实现国家战略的重要载体；是西部最为强劲、最具活力的经济增长极；是四川加快建设西部经济发展高地的重要支撑。抓好天府新区建设就是在落实省委、省政府"兴川大计"的"一号工程"，更是

"兴蓉大计"的"一号工程"。双流县地处天府新区核心，县域经济发展直接关系到天府新区整体建设，地位突出、责任重大。

天府新区基础设施建设部张永生针对双流区域基础设施建设部提出三点意见。一是凝心聚力，出台新政，全力抓好在建项目推进工作。协调督促，加快"两纵一横"建设；齐心协力，做好征地拆迁工作；分类整合，抓好重点项目建设；出台BT新政策，做足招商引资准备工作。二是强化举措，探索经验，努力推进基础项目建设。认真落实天府新区双流区域基础设施建设各项工作，项目建设取得了明显进展，形成了具体的工作举措、方法、经验。三是分抓共管，统筹协调，高质量完成基础设施项目建设，包括交通基础设施项目、公共服务配套项目和能源水利设施项目。

天府新区双流产业发展部副部长徐军为推动天府新区双流区域产业又好又快发展，提出以下三点意见：一是加大双流的对外形象推介。包括基本情况的介绍，让更多企业了解

双流县

双流；产业发展、优惠政策、服务环境等的宣传，让更多业主投资双流。二是加大双流扶持政策的争取。包括经费、基础设施建设、建设用地指标等资金和政策支持。三是帮助加大新区建设的宣传引导，广泛宣传建设天府新区的重大意义，倡导广大群众积极支持、投身建设，积极化解社会矛盾，凝聚建设新区合力，加快推进天府新区建设。

双流县委宣传部副部长、县社科联主席张守伦

阎 星

提出四点意见。一是重视国家战略重点发展项目；二是要抵制资源掠夺型产业；三是排斥环境污染性产业；四是在加快经济建设的同时，不能忽视文化建设，"拼经济就是拼文化"。

龙泉驿区社科联副主席林泓认为，龙泉驿区在助推天府新区建设方面应从四个方面给予重视：一是理念上，国际化、高端化、产业化；二是规划上，目标划定合理、清晰；三是管理上，高层次的管理；四是执行上，子项目的一一实现。并建议着力从三个方面狠抓落实，一是全力以赴做大汽车制造业经济规模；二是千方百计做强汽车产业核心竞争力；三是开拓创新做高汽车后产业层次。

新津县社科联副主席朱宏伟介绍了天府新区新津分区最新的规划思路，并认为新津要争当全市"尾雁快飞、尾雁赶超"的领头雁和"全层融合"的生力军。将做好以下几方面的工作：一是建设宜业宜商宜居新城；二是推动新材料产业

跨越发展；三是引进一批重大产业化项目；四是不断提高核心竞争力。

双流县公兴街道办副主任曹大权首先介绍了公兴街道在天府新区双流区的重要地位，还介绍了在推进天府新区建设方面积极做了新区规划的协调配合和资料报送工作，同时做好了公兴场镇的改造设计方案；积极推进综保区、物联网园的规划建设工作，完成了项目用地的拆迁、用地协议签订、相关资料的收集上报和协调服务工作；积极探索管理模式。

大家认为，市委确定的系列战略部署，从目标定位到实现路径，从着力重点到具体要求，每一项都突出天府新区。在天府新区建设过程中，要大力发展战略性新兴产业，紧抓工业园区的产业定位，强化产业集群发展。坚持先进的政策导向，为产业的持续发展提供保障。要加强天府新区政府的职能调整，注重政企、政社间多重协作关系，推动社会管理创新，提升社会管理科学化水平。按照产城一体、商住平衡的规划理念，进一步完善城市功能配套，积极推动新型社区管理和服务体制建设。

沙龙助推天府新区建设

2012年8月22日，成都市社科联与龙泉驿区社科联在龙泉山庄共同举办了以"携手共建，助推天府新区建设"为主题的成都学术沙龙。沙龙由市社科院副秘书长、市社科联学会学术部部长杨鸣主持，市社科联学会学术部、双流县社科联、新津县社科联、龙泉驿区社科联有关领导和同志参加。双流县、新津县、龙泉驿区社科联分别就上半年学术沙龙举办情况进行了总结发言，同时对下半年工作进行了部署通报。大家就学术沙龙如何更好地围绕天府新区建设开展工作，进行了交流和讨论，并提出建设性意见。杨鸣部长强调，成都学术沙龙活动要紧密围绕各区县党政中心工作，紧密围绕天府新区建设开展活动，内容要丰富，形式要多样，成果要重视，要加大宣传力度，为天府新区建设贡献力量。

天府新区建设与成都发展

2012年5月25日，由成都市社科联、中共成都市委党校和成都日报社联合主办、成都市经济学会承办的主题为"天府新区建设与成都发展问题研究"的学术沙龙活动在成都市委党校举行。来自市纪委、监察局、目督办、财政局、发改委、国资委、投促委、粮食局、成都传媒集团和邛崃市、双流县的相关领导及市委党校专家学者共30人，就"如何推进天府新区建设"的问题进行了热烈的讨论。本次学术沙龙由中共成都市委党校经济学教研部林德萍副教授主持。

与会者一致认为，天府新区的设立决策英明，鼓舞人心，顺应了我国西部改革开放程度的逐步加大和经济由外需拉动到内需驱动的趋势，成为四川省打造西部经济发展高地和成都市打造西部经济核心增长极的重要抓手，能够增强区域经济竞争力，带动四川甚至整个西部的经济腾飞，形成区域经济协调发展的格局。

对于如何加快推进天府新区建设，与会领导和学者提出的主要建议有：

一是参考国内其他新区的经验搞好体制机制建设，特别是可以借鉴重庆"两江新区管委会+功能区"的模式，根据各行政区和功能区的具体情况分别进行直管、代管、协管。明确天府新区的管理机构和各级政府的权限，定期召开工作会议，达到有效统筹和协调各区域关系的目的。

二是规划先行，根据区位优势、可利用资源、产业基础和发展趋势等进行产业布局，考虑前瞻性。

三是创新政策，为天府新区内的企业提供金融支持，借鉴浦东新区成立浦发银行的经验，成立为天府新区建设服务的商业银行，吸引入区大企业存款，同时又对缺乏资金的中小企业提供贷款。

四是天府新区建设应注意资源环境的承载能力，多渠道、多途径开发利用资源，使天府新区发展做到增长性与和谐性的统一。

关注天府新区低碳发展

2012年7月27日，由中共双流县委宣传部、西航港经济开发区管委会、双流县社科联等单位共同组织的"天府新区低碳与节能减排标准及认证技术"成都学术沙龙在科华苑宾馆举行。本次学术沙龙邀请了世界资源研究所、中国质量认证中心、清华大学、四川大学、联想集团、长虹集团以及英国E3G等低碳和节能减排领域权威的标准、认证和研究机构，行业领先企业及政府相关部门，为促进天府新区的低碳发展和可持续发展进行了广泛交流和深入探讨。

专家们通过讨论达成共识：作为低碳发展的空间载体，城市已成为低碳发展的首要领地。一方面，建设低碳城市是城市化进程的内在要求。随着城市化进程的加速，城市的发展模式和发展轨迹成为全球关注的焦点。据预测，到2020年，中国的城市化率将达到58%~60%，届时中国的城市人口将达到8亿到9亿，这将推动城市能源消费量和CO_2排放量快速增长。若延续传统的高能耗、高排放、高污染，即"高碳发展模式"，城市可持续发展将面临巨大挑战。因此，采取"低碳发展模式"，实现低碳化转型，已成为城市化进程的内在要求。另一方面，建设低碳城市是赢得未来城市竞争的关键。同时，发展低碳经济，建设低碳城市符合市区县的战略发展目标。低碳经济与成都市建设"城乡一体化、全面现代化、充分国际化的世界生态田园城市"的发展目标相呼应，与成都市城市建设中要充分体现"宜业、宜商、宜居"特点的发展理念不谋而合。

低碳经济与天府新区"以现代制造业为主、高端服务业集聚，打造一个宜业、宜商、宜居的国际化现代新城区，形成现代产业、现代生活、现代都市三位一体协调发展的示范区"的建设目标相契合。低碳经济与双流县第十二次党代会确定的争创"全市领先发展、科学发展、又好又快发展，打造西部经济核心增长极示范县"奋斗目标相融合，与双流作为天府新区的主要承载区和起步引领区，承担着"再造一个产业成都、建设国际化现代新城区"的历史重任相吻合。结合市县相关文件精神以及已有的低碳城市建设基础和经验，对于天府新区低碳城市建设，专家们建议可进一步强化以下方面：

第一，融入产业兴城，发展低碳经济。（一）加大新能源的开发力度。要依托多家新能源产业集群企业，加快推进"产学研"合作，"政企金"协作，大力开发利用太阳能、风能、核能、生物质能、地热等清洁新能源和可再生能源，逐步提高其在能源结构中的比重。（二）加快产业的转型升级。重视新技术的开发，提高能源利用效率。加快新兴电子信息、新能源产业、生物产业、高端装备制造业、高端服务业等产业的发展，实现"高端切入，多元支撑"，逐渐淘汰落后高耗能产业。（三）加速低碳建筑的有效推进。以天府新区建设为背景，推行建筑低碳化。通过减少短命建筑，在建筑领域推广节能建材和节能设计，对新建建筑实行强制性的节能建筑和绿色建筑标准，对既有建筑进行节能改造等，来减少建筑的建造和使用能耗。

第二，强化市场机制，完善低碳金融。由于低碳经济的发展涉及生产模式、生产方式的改变，依赖于技术创新、制度创新、管理模式创新，成本较大，需要聚集各方资金力量，资金规模较大，所以政府要将市场作为最为有效的资金聚集手段，通过制定合同能源管理、碳交易机制、排污权交易、节能量交易等制度，强化市场在低碳经济发展中的资源配置效力。

第三，加大支持力度，鼓励技术研发。政府应出台激励政策，鼓励企业进行低碳技术和产品开发；应加大扶持力度，培育一批低碳技术风险投资机构，降低企业在低碳技术和产品开发上的风险；应实施"低碳"采购政策，引导机关、企事业单位购买和使用符合低碳认证标准的产品和服务等。

第四，注重标准建设，规范低碳发展。以国际标准为参考，结合我国低碳技术研发的实际情况，制定符合天府新区建设实际的低碳技术标准，对低碳技术产品及生命周期进行评价，使低碳技术的研发统一化、规范化。

第五，重视理念宣传，形成低碳共识。通过创建低碳社区等活动，加大"低碳生活，低碳消费"理念的宣传，切实加强对居民的教育引导，增强每个公民使用清洁能源、推广节能技术、发展低碳经济的责任感，充分调动公民节约能源、保护环境的积极性、主动性，形成建设资源节约型、环境友好型社会的共识。利用自愿协议、标签计划等措施，激励厂商和消费者。通过生产或消费低碳产品，在社会上树立起自身"碳中性"和"碳生态足迹为零"的良好"低碳"形象。

文化创意产业
助推天府新区双流区域发展

双流县作为天府新区的核心区，将文化创意产业发展作为经济转型升级的重要路径，以此服务宜业宜商宜居的国际化现代新城区的建设。2012年12月21日，由中共成都市委宣传部、成都市社科联主办，双流县文化旅游管理委员会、双流县社科联承办的2012成都社会科学年度论坛——"文化创意产业与天府新区发展关系"学术沙龙在成都市举行。论坛邀请了王昱东、张佳春、张奇开、剑峰、曹虎、金延等业内专家，为天府新区双流区域文化创意产业的发展出谋划策。

一、建文化创意产业交易中心

成都作为中国西部的一个区域经济中心、文化中心，是一个不容忽略的城市，其文化创意产业发展潜力巨大。但与国内发达地区相比（如北京、上海），最大弱势的就是没有交易平台、没有影响力的交易机构。瑞士免税港集团、苏富比、哈森坎普、香港信德集团、北京歌华等都对成都建文化保税区给予认同，反应非常积极。在这个层面上看，成都是可以建文化保税区，也有条件建文化保税区的。

1. 文化保税区的建成，特别是以此引进瑞士免税港集团、苏富比、香港信德集团等国际企业，既是对成都稳定的、有保障的法治环境的认可，也是对成都的市场的承认。

2. 双流县应依托高新综合保税区双流园区，积极筹建西部首个文化保税区和保税中心，将能吸引更多的国内外优秀文化企业汇集成都，这无疑将大大推动成都文化创意产业的发展。

3. 成都双流建立文化保税区，对外能够与国际接轨，参与到国际游戏规则的制定中，在国际竞争层面抢占话语权。还能提升对外文化贸易的水平，扩大文化贸易的发展空间。对内能够形成新的经济增长点，直接提升税收，提升区域发展的品牌和带动作用，提升区域土地、服务水平、人才素质、专业技能等综合水平。

4. 文化保税区建设，将是拍卖体系、仓储体系、物流体系、国际结算支付体系一并落地；同时各种配套体系、政策体系要跟上。

二、打造文化创意产业发展平台

双流作为全国经济强县，且已明确将文化创意产业作为新的经济支柱培育，明确"依托最优资源，发展最优产业"的思路，应抓住天府新区建设的良机，发挥经济基础雄厚、智力资源密集等优势，形成文化创意产业集聚区。

1. 黄龙溪古镇以其独具川西特色的明清建筑，吸引了百余个影视剧组的光临，随着古镇保护性的开发，从文态向业态的转变已现端倪（2012年接待游客650余万人次）。要充分利用已有一定聚集的人气，逐次引进影视体验—拍摄—制作—原创—培训—服务等项目，吸引游人关注度，拉伸游人停留时限，进一步延展产业链，实现收益的多元化和最大化。目前，应抓住与华谊兄弟、棕榈泉控股、中信证券投资共同体合作的机遇，以影视体验为人气聚合点，拓展景区业态，努力打造国际化的文化旅游和休闲度假区。

2. 双流新城公园及周边是成都规划发展的以动漫为主的文化产业功能区，随着规划面积万余亩的湿地公园打造，优美而和谐的人居和产业发展环境正在形成。以市场化良好的体育竞技和动漫产业为重点，努力建设成为集体育赛事、训练、健身及附属产业为一体的，集动漫及衍生产品博览、体验、研究、开发、服务、运营、营销为一体的，集聚创意设计、数字传媒、网络游戏、文化博览、商务交流、展示交易、贸易保税及相关产业共融发展的产业功能区，实现产城一体和产业升级的发展目标。目前，应抓住与中旭盛世风华、北京歌华、北京世天合作的契机，探索一条文化创意产业集约发展的路径。

三、着力发展高端文化创意产业

文化产业发展必须和国际接轨，要走市场化的道路、国际化的道路，引进顶级标杆企业。

1. 要充分发挥天府新区双流区域的资源优势，引进国内外一流的龙头企业和项目，通过重点扶植培育产业核心，带动区域产业凝聚，最终形成一定规模的文化创意产业带。

2. 促进国际数字新媒体产业园、成都凯港中心、成都梦视界创意工场、成都双流蓝顶艺术新村、双流县数字动漫创意总部经济基地、虎标行·艺术公社、中经传媒综合体、艺术中国等项目引进建设。

四、政府助推是发展文化创意产业的关键

双流已制发《中共双流县委关于深化文化体制改革 加快建设文化强县的意见》、《双流县实施产业倍增战略 加快天府新区建设 打造中西部现代服务业发展高地的若干政策》和《双流县推进文化创意产业发展的若干政策》等，为丰富天府新区产业内涵、发展文化创意产业进行了有益探索。

1. 随着我国经济社会的快速发展，文化产品的消费潜力巨大，动漫产业的市场前景十分可观。动漫企业属于智力、技术、文化密集型产业，高风险、高回报特征十分明显，政企联动、政策引导、政府支持十分必要。

2. 在双流区域基础相对薄弱的情况下，发展文化创意产业不可能一蹴而就、一步登天。要从"舍与得"、"远与近"的角度，完善政府产业支持的政策和措施，以最优的政策、最佳的资源培育和引进最好的品牌和企业，坚定发展的信念不动摇，坚持发展的激情不消褪，坚守发展的目标不改变，以优质的政府资源，营造优良的产业发展环境，推进动漫产业的超常规、可持续发展。

聚焦成都"北改"●提升城市品位

"北改"与成都现代化、国际化

广聚智慧，深入总结，提升工作经验，积极促进全社会关注、支持和参与"北改"，成都市委宣传部、成都市社科联"2012年度社会科学论坛"之"北改"与成都现代化、国际化青年论坛于2012年12月13日在成都沙湾国际会议展览中心举行。本次论坛紧扣"北改"主题，邀请了四川大学、西南交通大学、西南财经大学、电子科技大学、西华大学、四川师范大学、成都理工大学、成都大学以及省、市社科院等科研机构的近20位专家学者参加，同时也邀请了省市社科联、市委宣传部、成都市"北改办"领导，"北改"涉及区域成华区、新都区社科界人士，5位企业商户代表、20余位社区干部群众、30余位高校青年教师和研究生参加了论坛，以及全区各部门、街道的同志，共计200人参会，意在汇聚各方意见，搭建自由交流的研讨平台。

此次论坛在研讨模式上进行了创新，分为主旨发言和圆桌讨论两大部分。四川省社科院社会学所所长黄进做了题为"成都'北改'推进机制与模式创新研究"的主旨发言，西南财经大学经济学博导徐承红等16位学者分别围绕"北改"与产业转型发展（经济板块）、"北改"中的民生与社会建设（社会板块）、"北改"文态建设（文化板块）三大主题进行了分组圆桌讨论。参会的企业代表、群众和高校研究生等进行了现场提问互动，程显煜、邓立新、谢元鲁等三位专家对每一板块学者的发言进行了点评。

中共成都市委宣传部副部长叶浪代表市委常委、市委宣传部长白刚作总结发言：这次活动既可以看作是金牛区文化建设的一个场景，也可以看作是成都"北改"文化建设的一个场景，就这个意义来讲，我觉得"北改"是成功的。我们社会科学研究的内容是和成都中心工作紧密结合的，就这个意义来讲，这次论坛的举办是成功的。

成都市社科院院长程显煜认为，此次青年论坛表明，金牛区之所以在成都市

"北改"的大战略中能够走在前面，能够收到显著效果，显然是和注重用理论来支持"立城优城"的战略是分不开的。而能够组织这样高水平、高质量、有内涵的青年论坛，就是这样的标志。"北改"作为"立城优城"战略的重要组成部分，一定程度上代表了现在和今后中国发展中的大战略。中国的发展一定要在扩大内需上做文章，扩大内需和城市化又连在一块，城市化包含了城市自身的提档、升级、改造和发展。因此"北改"实际上折射出了今后中国在城市化进程中我们会始终去推进的重大战略。

此次论坛邀请了中央、省、市媒体参与报道。新浪"看金牛"官方微博、腾讯"交子故里·现代金牛"官方微博进行了现场图文直播，《成都日报》、《成都商报》、《华西都市报》、成都电视台、中国新闻网、四川新闻网、成都全搜索、四川在线、新浪网、搜狐网、和讯网、新民网、四川日报网等均用较大篇幅报道了此次论坛活动和部分专家观点。现代传媒的运用，进一步提高了"北改"的社会传播面和社会影响力。

献计领先发展　助推"北改"战略

2012年3月1日，成都市社科联"北改"座谈会在金牛区召开。本次座谈会由金牛区社科联承办。来自四川省社科联、《四川社科界》编辑部、成都市社科联（院）以及金牛区、成华区、龙泉驿区、青白江区、新都区、郫县、彭州市等从事宣传和社科工作的领导、专家和学者参加。沙龙由成都市社科联学术学会部主任杨鸣主持。

参会人员就成都市社科联关于举办"献计领先发展，助推北改战略"人文社科活动的设想展开讨论，提出了建议、意见。同时，各区市县社科联负责人就社科工作如何与市委"五大兴市战略"、"北改"龙头工程紧密结合，畅谈了各区的设想、做法。大家一致认为，要紧紧抓住"北改"契机，以论坛、研讨会、文化艺术活动等为载体，充分发挥社科联"智囊团"、"思想库"作用，积极为成华区委区政府建言献策，为建设畅通城北、靓丽城北、发达城北、文明城北做出最大的贡献。

杨鸣（成都市社科联学术学会部主任）："北改"工程是落实"立城优城"战略的龙头工程，也是惠泽百万市民的最大民生工程。"北改"工程涵盖区域比较广，涉及交通建设、征地拆迁、市场调迁、旧城改造、业态升级等多个方面，是一项十分复杂的系统工程。社科工作一定要紧密结合"北改"开展工作。

林枫（成华区委宣传部副部长、区社科联副主席）：要开展论坛及研讨活动，如成都北城发展市民论坛（走进社区小型专题活动）；城北改造与成都市北部新城文化、产业再造及社区建设群众论坛（分别在金牛、成华、新都举行）；"成都领先发展和再造北部新城大家谈"群众征文活动。

秦代贵（《四川社科界》编辑部主任）：建议举办系列论坛会、学术沙龙、人文讲坛、科普宣传、摄影和书画作品征集等一系列活动。（一）人文社科普及活动。"北城记忆与北部新城建设"系列学术沙龙；金沙讲坛走进北改系列专题讲座；"城北的历史文化与发展科普宣传"进社区。（二）文化艺术活动。举办"成都·城北记忆"群众摄影书画比赛大型公益活动；组织知名书画家（重点是社科界的书画艺术家）走近城北改造第一线采风；举行征集优秀文艺作品鉴赏与发布活动。（三）"北城记忆"市民活动。与北城中小学校联合开展"北改"故事、我与"北改"、记录"北改"、话说新成都、图说"新城北"等主题活动。（四）"媒体·专家·志愿者（文艺）"北城社区行。动员社会团体、文艺志愿者组建"北改"文艺宣传团队创作喜闻乐见的"北改"文艺作品，进行社区巡回表演，多角度开展"北改"。

孙艳（成都市社科院历史与文化研究所研究员）："北改"龙头工程的理论研究成果可以通过以下方式展示：（一）编印《成都"北改"》专辑（专著）。依托成都市社区专刊《成都新街坊》，编辑一本浅显易懂、政策性强、针对性强、实用性强的《北部成都　"北改"兴城》专辑（暂名），发放给志愿队，用于宣传之用。（二）编印《成都社会建设创新研究》专著。依托成都市哲学社会科学规划办公室立项课题《成都社会建设创新研究》，以"北改"区域为重点，全面系统收集"北改"区域社会建设创新案例，并计划在2012年年底公开出版。（三）编印专项活动专辑。编辑出版《成都领先发展和再造北部新城征文集》、《成都·城北记忆》（暂定名）大型珍藏画册和纪念邮册。

袁代树（金牛区委宣传部副部长、区社科联主席）：金牛区是"北改"的主要承载区，区社科联设立"北改"龙头工程区级社科课题，积极鼓励全区各单位、各部门和干部群众围绕"北改"龙头工程开展学习研究，努力形成一批研究成果。同时，准备策划举办金牛区"北改优城论坛"、"成都北城现代服务业发展论坛"、"交子文化研讨会"等一系列活动，进一步提升"北改"龙头工程的社会影响力。邀请专家开展区委中心组学习辅导，对"五大兴市战略"、"北改"龙头工程进行解读；利用"金沙讲坛·交子金牛分讲坛"，邀请专家到涉及"北改"工程的街道和区级相关部门进行宣讲，通过深入浅出的讲解，增加社会对"北改"的了解和认知。

刘莉（青白江区社科联主席）：对"北改"龙头工程的研究可以从以下几个方面进行：（一）"北改"城市战略研究。基于"立城优城"战略，对"大城北"、"小城北"，以及成华区、金牛区作为"北改"核心区，新都区作为"北改"主战场与"北部成都"城市战略的关系进行综合研究。（二）城市圈层融合发展研究。重点研究成都东北经济带—解放路—川陕路经济带和新成华大道（新鸿路—沙板桥路—理工大学—龙潭立交桥)—成金(青)快速通道与"北部成都"的关系。(三)"四态合一"发展研究。着力开展高端化城市业态、田园化城市生态、特色化城市文态、现代化城市形态"四态合一"综合研究,重点抓好"产城一体"、"文城一体"等课题研究。(四)社会建设与管理创新研究。着力开展"北改"工程新闻宣传、基层社会宣传、舆情处置和舆论引导以及社会建设与管理创新综合研究。

林泓（龙泉驿区社科联副主席）：我们可以通过广播电台开设"北改"专栏讲述城北故事,对"北改"龙头工程的研究还可以从这两方面着手:(一)文化发展研究。坚持"有机更新",把文态培育作为"北改"的特色亮点,保护北城"文化基因",着力开展区域特色文化整合利用资源研究,重点抓好昭觉寺禅文化、茶文化,天回镇、驷马桥、三洞古桥历史典故等,推进塑造北城底蕴厚重、格调鲜明、魅力独具的特色文态。(二)配套机制研究。相关部门、区县建立的高效运转的推进机制,政策激励机制,市场运作机制,活力竞争机制,"北改"工程"赛场选马"干部培养机制,"阳光北改"监督管理机制以及绩效、激励、问责制度。

肖诗杰（郫县社科联秘书长）："北改"项目众多,如果能够勾勒出改后蓝图,展示给老百姓,让他们对改后的城北有所憧憬,这样有利于百姓的参与和支持。"北改"理论研究要抓好以下几个方面:(一)成都"北改优城兴城"战略与推进机制研究课题。着力开展各区县实施"北改"工程的体制机制创新研究,为相关方面以产业升级调整为主线,以龙头项目为抓手,"四态合一"打造成都北城提供参考和借鉴。(二)成都"北改"工程群众宣传创新案例研究课题。由于成都"北改"工程同时具有"东调"、东郊惠民工程、沙河整治工程、旧城改造、"198"区域建设的特点,拟系统总结、集成研究"北改"工程群众宣传工作案例和廉政效能工作机制,提炼出一套值得借鉴的"北改"群众宣传工作方法,推荐给中华科普书系编著出版委员会,作为《社会工作》专著的素材源,向全国推广成都行之有效的社会工作方法。(三)成都北城文化繁荣发展研究课题。对"北改"片区的文化遗产进行系统梳理总结,对北部城区有保护和开发价值的文化资源、人文遗址等进行挖掘、研究,做好保护承接好北部城区的历史记忆和人文信息的前期研究工作。(四)成都"北改"区域居民自治模式研究课题。"北改"工程决策线索来源于网络,决策动力来源于群众,及时对"北改"工程推进中各种居民自治方式、自治流程、自治案例以及

自我教育、自我服务、自我管理的创新进行总结、提炼。

乐惠蓉(新都区社科联秘书长):新都的"北改"就是要落实"五大兴市战略"中的交通先行、产业倍增、立城优城。产业发展就是要树立城市的气质和形态,打通断头路,开通地铁。基础设施改建要围绕公建配套建设,旧城镇、棚户区改造等方面。现在,宝光和桂湖依然是城市核心区。产业倍增主要围绕产业区建设、依托成都国际商贸城、物流中心、198生态功能区的发展为主。"北改"龙头工程的理论研究,还包括:(一)"阳光北改"与第三方监督、基层民主自治联动机制研究课题。引入第三方监督和审计,通过基层民主的方式将监督权力"下放"、"扩展"到社区和市民,同时推选市民代表、居民代表、政协委员、人大代表、纪检干部、行风监督员等成立"阳光北改"廉政观察团,多角度打造"阳光北改"工程。(二)"北部成都"社会"再造"工程综合研究课题。随着"北改"工程的推进,原有居民的地域关系、人际关系、利益关系等将发生根本性变化,用统筹的办法系统研究社会建设和管理及"北部成都"社会转型"再造"。(三)"北部成都"发展战略研究课题。主要涉及"大城北"、"小城北"和"北改"核心区,以及推进"北改"工程与"三圈一体"的相关举措及成效、案例。

畅谈"北改"产业业态建设

2012年11月23日，金牛区社科联在悟园举办了"北改"产业业态建设沙龙。沙龙邀请了四川省社科院区域经济研究所副研究员周俊、西南财经大学电子商务系主任、副教授王鹏、西南交通大学政治学院教授胡子祥，以及区委宣传部副部长袁代树、区有线电视台副台长罗梅、区委宣传部调研员王晓等十人参加。嘉宾围绕成都"北改"产业业态建设各抒己见。

周俊（四川省社科院区域经济研究所副研究员）认为，成都"北改"坚持整体规划、分类推进的原则，按照建新、更新、改旧三种模式，完善功能配套，改善区域环境，促进产业升级。"北改"将大力促进北城形象早改善、北城产业大提升、北城居民得实惠。

王鹏（西南财经大学电子商务系主任、副教授）认为，"北改"要加快发展高端化的城市业态。坚持把产业升级作为"北改"的核心所在，按照"优势优先、高端发展"的思路，加快构建特色突出、抢占高端、极具效益的现代产业体系。比如金牛，就要依托成都国际商贸城等重大产业化项目，引导荷花池、五块石片区专业市场自主改造和调迁升级，积极推进日用品、机电钢材、建材家居"三大千亿交易规模目标市场"发展等，努力打造中西部实体市场与虚拟市场无缝对接、协同发展的现代商贸集聚高地。

胡子祥（西南交通大学政治学院教授）认为，金牛要大力发展产业业态，必须要做优商务服务业，依托金牛万达广场等现代城市商业综合体，大力培育地铁上盖物业等楼宇经济和城市综合体经济，着力打造一批主题商务楼宇，加快发展以金融保险、资产管理、会计审计、咨询法律等为重点的商务服务业。还要大力发展文化旅游产业，可以借助成都华侨城等重大产业化项目，推进成都欢乐谷创建国家5A级景区，配套完善吃住行游购娱，提升发展都市旅游、美食餐饮、休闲娱乐、文化创意等产业，积极打造都市型文化旅游品牌，努力打造全市文化旅游精品区。

袁代树（中共金牛区委宣传部副部长）认为，借助"北改"，金牛也在趁势腾飞，金牛产业的发展，除了旅游、商贸、商务的发展，还需要做大科技服务业。我们可以依托中铁轨道交通高科技产业园等重大产业化项目，吸引一批国内外知名企业入驻，加快形成轨道交通领域高新技术企业集群和技术服务中心。构建政企研互动体系，促进核心技术研发和科技成果转化，加快建设一批抢占行业高端关键技术的工程技术研究中心和创新平台，努力培育一批拥有自主知识产权的高新技术企业和知名品牌。

罗梅（金牛有线台副台长）认为，"北改"规划管理政策的一大特色是要求"北改"项目区编制实施规划，亮点在于实现城市形态与项目管理的有机结合，借"北改"契机塑造城市特色，提升城市品质。在"北改"政策中，对一些企业无力自行开发的存量土地，政策规定可以以加名联建的方式，引入其他社会资金进行联合开发。这样做，就是为了给社会资金的引进创造良好的环境，支持企业盘活利用存量土地。

王晓（金牛区委宣传部调研员）认为，借力"北改"，北城将打造成为现代产业、现代生活、现代都市"三位一体"，高端化城市业态、多样化城市生态、特色化城市文态、现代化城市形态"四态合一"，宜业宜商宜居、更加宜人的现代化城区。结合金牛实际，金牛"北改"的大致范围为：东起解放路—川陕路，西至西大街—金牛大道（老成灌路），南抵一环路（局部至府河），北至绕城高速金牛北边界，含驷马桥、荷花池、人民北路、五块石、九里堤、营门口、沙河源、西华、凤凰山、天回镇十个街道办事处全部辖区和抚琴、茶店子、金泉三个街道办事处部分辖区。包括旧城改造五大重点片区和新区开发三大重点片区。

2012年2月21日，中共新都区委宣传部、区文联组织区戏剧家协会的文艺家开展成都学术沙龙活动，围绕"北改"工程创作编排曲艺作品。2012年6月到11月，一共创作并演出了双人快板、刮达快板、三句半、金钱板和四川清音6个曲艺作品。在国内、省、市获得多项奖励的童维娜、吴福志、曾全元、高德福、祝恒萱等本土艺术家在各类演出中表演了他们的绝技，节目通过电视播放、网络视频、文艺演出等形式，给观众带来听觉和视觉的盛宴，让观众在欣赏曲艺表演的同时，了解和关注"北改"工程，激发对家乡新都的热爱之情。

新都区戏剧家协会副会长吴福志介绍了围绕"北改"内容创作编排曲艺作品，通过快板、金钱板、三句半、四川清音等曲艺表演的形式，反映普通群众投身"北改"工程的信心、决心和对家乡新都的热爱。

新都区戏剧家协会会长童维娜介绍了围绕"北改"工程创作的曲艺作品：区委宣传部、区文联带领创作人员到"北改"点位采风，通过情况介绍、与百姓访谈、参观区规划馆等方式，了解新都"北改"的背景、计划及实施进度等，激发创作灵感，把握创作角度，力争写出反映新都"北改"的文艺佳作。我们计划创作6个曲艺作品：一是双人快板。以老两口说快板的形式，反映群众对"北改"的认识，由不知晓到理解再到积极支持，体现"北改"是民生工程。该作品表演生动灵活，老夫妻一唱一答，既有矛盾冲突，又有矛盾化解后的幽默风趣。演出者是吴福志、吴修珍。二是刮达快板。刮达快板叙事性较强，形式新颖。表演者娓娓道来，通过讲述普通百姓的故事，体现群众对"北改"的支持。演出者是马松贤。三是三句半。4位表演者叙述"北改"的决心和愿景。表演时，在幽默轻松之中包含严谨，张弛有度。演出者是新都镇俱乐部。四是金钱板。高德福是三河街道居民，对"北改"有亲身感触。在节目表演中，由他向孙女讲述"北改"工程，爷孙俩用金钱板的形式相呼应，教育下一代关心家乡新都的建设和发展。五是四川清音。用四川清音的形式，讲述"北改"工程，由祝恒萱演唱，她的嗓音婉转清朗，堪称绝技。该节目将给观众带来听觉和视觉的美感。六是诗歌朗诵。用诗歌朗诵的形式，展现新都三千年文化底蕴和"北改"新面貌。

新都区文艺家写"北改"唱"北改"

新都区社科联秘书长乐惠蓉介绍了作品发布情况，计划在《新都资讯》发布作品编排、戏剧家采风信息。2月26日，《新都资讯》B4、B5版刊载了《网友：用诗歌来表达自己对北改的喜悦之情》一文，据此，可策划《戏剧家：用曲艺表达自己对北改的喜悦之情》一文。同时，在《新都资讯》副刊刊载曲艺作品脚本，让读者直观了解节目的文字内容。在《新都资讯》新浪微博、"微新都"腾讯微博、香城新都网等发布节目视频，由网友点击观赏、发表评论，扩大节目的影响力。在新都电视台播出曲艺节目。在各类文艺演出中，穿插以上曲艺节目。

加强文态课题研究　倾力打造"文化北改"

　　2012年8月14日，由成都市社科联主办、成华区社科联和成华区文广新局承办的成都"北改"文态建设主题沙龙在东区音乐公园举行。成都市社科联和中共金牛区委宣传部、金牛区社科联、中共成华区委宣传部、成华区社科联、成华区文广新局、新都区社科联和成都理工大学社科联等相关负责人，就"北改"区域的文化资源保护与开发利用，以及打造"文化北改"展开深入讨论。与会人员对成华区启动"北改"工程半年来取得的成绩给予了充分肯定，并且希望金牛区、成华区、新都区加强"北改"综合课题研究。

　　在"北改"文态建设主题沙龙上，成华区文广新局相关负责人首先介绍了成华区《"北改"文态规划》编制情况，提出了整合驷马桥、升仙湖、羊子山祭祀台、昭觉寺等古文化资源，规划建设羊子山文化广场、驷马桥景观节点、茶禅文化商业街区以及历史文化滨河带，在大力发展现代服务业的同时，传承古蜀秦汉文化，打造成华文化地标的文态建设构想，引起了大家的关注和思考。成都理工大学副教授刘万富建议，昭觉寺片区的打造应有自己的特色和亮点，避免与文殊坊雷同。

　　成都市社科联秘书长杨鸣表示，"北改"是成都市最大的民生工程，也是一项涉及人口多、覆盖面广的系统工程，值得广大社会科学工作者思考和研究的课题很多。以主题沙龙的形式，对"北改"规划、组织等问题进行理性思考和交流研究，对推进"北改"工程实施具有重要意义。他希望涉及"北改"的三个区社科联不拘形式，多多开展"北改"主题沙龙活动，加强"北改"调查研究，为党委政府提供决策参考，市社科联将适时汇编"北改建设专辑"。希望成华区社科联抓好年初申报的《成都城市发展战略"北改模式"研究》、《整合核心优势资源推进"北改"融入国际化发展格局的思考与研究》等多个"北改"研究项目，形成一批"北改"社科研究成果。

　　金牛区社科联主席袁代树表示，金牛区正在对九里堤和天回镇两个"北改"文态重要节点进行规划设计，下半年将围绕产业更新升级开展课题研究和主题沙龙活动。成华区委宣传部副部长、区社科联副主席、秘书长林枫介绍了"北改"工程实施半年来取得的成效，并着重介绍了"北改"居民搬迁改造"第一签"、企业自主改造"第一拆"、货运场站"第一关"等5个"第一"，力争实现"北改第一区"，以及正在开展的17个社科课题的进展情况，将着力开展好"阳光北改"、"产业北改"、"文化北改"等专项课题研究。为推进"北改"文态建设提供参考和借鉴。

　　新都区社科联副主席介绍了新都区将对蜀龙路沿线进行文态打造，下半年主题沙龙将围绕蜀龙路文态建设展开。

2012年5月25日，以"'北改'与城市治理机制创新"为主题的成都学术沙龙活动在成都东区音乐公园举行。成都市委党校2012年第3期"成都市城市治理创新研究"专题教学班的师生，以及成华区委常委、区人民政府副区长宋凯，成华区委党校、区规划分局、区建设局、区房管局等相关部门负责人参加了学术沙龙。

成华区规划分局、建设局和房管局的负责人对"北改"规划、"北改"的推进情况做了介绍。与会人员围绕着"北改"的必要性和重要性、"北改"的机制创新、"北改"的问题与对策等进行了热烈的研讨和交流。与会者认为，"北改"工程是成都市惠及百万市民的最大规模的民生工程，是深化旧城改造，建设开放型区域中心和国际化城市的重要载体，是落实"双核共兴"的龙头项目和成都对成渝经济区引擎带动作用的战略抓手。成都"北改"工程不仅必要，而且重要，更是紧要，应加强落实和推进。成都市人民政府确定的"政府主导、社会参与、多元主体、群众自愿"的"北改"原则很好，符合当代城市治理理念，并包含着治理机制创新。

成都"北改"的文态建设

2012年4月20日，由金牛区社科联承办的成都"北改"文态建设沙龙在华侨城欢乐谷丹桂轩沿河走廊举行。四川省社科院历史所研究员谭继和，四川省社科院特约研究员袁庭栋，成都市社科联副主席、社科院副院长阎星，成都市社科联学术学会部主任杨鸣，成都市社科院历史与文化研究所副所长罗明，成都市社科院历史与文化研究所原所长林成西，四川师范大学教授谢元鲁，西南交通大学教授胡子祥，成都理工大学副教授刘健，西华大学人文学院副院长潘殊闲等专家学者参加了此次学术沙龙的讨论。参加讨论的还有成都市文化局和金牛区"北改"办、区委政研室、区委党校、区文旅体局、区政协文史办和区方志办等部门的领导及天回镇街道、驷马桥街道、凤凰山街道分管领导。

专家学者、干部群众集思广益，为城市文态建设出谋划策，围绕城市文态建设的内容包含哪些，城北有哪些文化元素可以挖掘，如何处理城市发展与文化传承保护之间的关系，在"北改"中如何推进城市文态建设，城市文态建设如何避免同质化而体现城市特色等主要论题，进行了交流和讨论。

"北改"离不开政府、企业、社团组织、市民等多元主体的积极参与。从目前情况看，政府和广大市民的积极性都很高，但企业的积极性亟待调动。有学者分析了原因，这与当前经济形势，尤其与房地产市场偏软有关系。与会领导和学者从实际出发，从规划、产业扶持、协商、合作、共赢等多视角提出了对策思路。

本次学术沙龙对进一步提高与会者对"北改"的认识，分析和解决"北改"所面对的问题，协调好多元主体之间的关系有积极意义。本次学术沙龙活动由成都市社科联、成都市委党校、成都日报社主办，成华区人民政府和成都行政学会承办，参会人员共计20余人。

"北改"与城市治理机制创新

文化是民族的血脉、人民的精神家园，亦是城市的灵魂和核心竞争力。文化建设对促进城市经济社会发展、提升城市品位、增强城市软实力具有十分重要的作用。中共成都市委书记黄新初在市委十一届九次全会上强调，成都拥有厚重的文化底蕴和独特的文化资源，要特别注意处理好文化"魂"与"体"的关系，要将文化建设融入到城市有机更新中，加快把成都建设成为中西部最具影响力、全国一流和国际知名的"文化之都"。

当前，成都市正在开启领先发展、科学发展、又好又快发展的新航程。市委着眼"双核共兴"，确立了"立城优城"战略，启动了"北改"龙头工程这项惠及当代、泽被后世的最大民生工程。金牛区作为"北改"的主要承载区，肩负着重大的历史使命。新初书记多次指出，"北改"要按照城市业态高端化、城市生态优美化、城市文态特色化、城市形态现代化"四态合一"的基本原则进行。他特别强调要把现代文化因子和传统文化因子结合起来，形成新的文态，要注意保护和承接好北部城区的历史记忆和人文信息，通过"文改"成就一座充满文化气息、彰显人文魅力的现代新城区。

会后，金牛区社科联将专家观点梳理后形成《成都"北改"文态建设若干建议》，上报市、区相关部门和领导，并在《成都日报》理论版、《新金牛》专版刊登。

宜人成都建设背景下的城市治理创新

共享的发展格局，汇聚打造西部经济核心增长极、建设世界生态田园城市的强大合力。因此，我们必须认识到，建设宜人成都的发展愿景，不仅为全体市民创造了惠民福祉，也提高了成都经济社会发展的吸引力和辐射力，推动了成都在激烈的区域竞争中脱颖而出，最大限度地吸引和集聚发展要素。

二、宜人成都建设需要做好宣传工作

加快宜人成都建设，应创新城市营销工作，不仅要宣传成都的投资环境，还要注重成都的宜人品质。城市的宜人品质，实质也是吸引城市优质发展资源、创造城市发展的比较优势的有力支撑。建设宜人成都，必须内外兼顾，在满足广大市民发展愿景的同时，充分开发和宣传成都的宜人特性，抓住市外投资者、旅游者和居住者的眼球，提高成都在国内外的关注度和美誉度，努力使成都成为中国西部对外交流的门户城市，成为全球产业、资本、人才汇聚中国西部的首选之地。要科学策划成都的城市定位，广泛拓展对外宣传平台，精心组织形式多样的国际文化交流和城市营销活动，利用各种有影响力的外宣载体扩大城市影响力、增强城市吸引力。在加强成都投资环境优势宣传的同时，还要围绕成都的宜人魅力策划组织好宣传营销，着力展示宜人成都的宜居、宜业、宜商的形象定位，从另一个角度为招商引资创造条件。除了运用企业管理者、专家等权威身份外，一定要注重用平民化的视角、社会化的影响来强化宣传成都的宜居、宜业、宜商特质，善于从安居乐业的层面、从提升生活质量的层面来宣传成都、推广成都。

三、宜人成都建设需要彰显以人为本

成都市第十二次党代会确定宜人成都建设，目标明确、内涵丰富，包括了收

"宜人成都建设背景下的城市治理创新"学术沙龙于2012年9月21日在成都市新都区斑竹源举行。与会者围绕成都市第十二次党代会确立的宜人成都建设的目标以及对城市治理创新要求进行了热烈的研讨和交流，并提出了一些具有参考价值的建议。

一、宜人成都建设有积极重要的意义

宜人成都建设，既是打造西部经济核心增长极的出发点和落脚点，也是打造西部经济核心增长极的动力源泉。只有把发展成果更多、更及时地转化为惠民成效，才能在提升广大市民幸福感的过程中增进对这座城市的认同感和责任感，形成共建

入、教育、卫生、文化、社保、生态等主要指标，而每一项指标的实现都需要城市治理的支持和落实。因此，加强城市治理及创新是宜人成都建设的内在要求。

城市治理必须彰显以人为本、依法治理、综合治理的理念。"善治必达情，达情必近人"。城市治理必须满足市民的精神和物质的需求，使市民对日渐完善的公共服务感到满意。在治理过程中注重人性关怀，扶助困难群众，缓解社会矛盾。城市必须依靠法治，才能井然有序和长治久安。要不断完善相关法律法规，并注重法制宣传教育和加大执法力度，切实做到有法可依、执法公正、违法必究。城市治理要突破经验式管理、问题式管理、突击式管理等范式，应结合"数字化城管"和"智慧城市"建设的现代科技平台，建立起综合治理模式，综合运用法律、行政、经济、教育、科技等手段进行综合治理。

四、宜人成都建设需要畅通市民参与渠道

政府、企业、NGO组织、公民等都是城市治理的主体，城市治理应发挥多元主体的作用。要改变传统的官民关系，改变城市治理只由政府一个角色承担的观念，建立多元主体协商、互动的机制。强化依法治理，减少执法的随意性，确立城市治理法规的权威性、严肃性、稳定性和长期性，消除以权代法、朝令夕改等现象。建立和完善城市治理的信息系统，为城市治理提供及时、准确的信息，提高治理效率和水平。

目前，要着重畅通市民参与渠道。广大市民是城市治理的重要主体，一个城市如果没有市民的积极参与是治理不好的。但是，还存在着市民参与渠道不畅通，参与的积极性不高的现象，应创新市民参与的体制和机制，拓宽市民行使知情权、表达权、参与权、监督权的渠道，调动市民参与的积极性。

五、宜人成都建设需要公共资源的合理配置

宜人成都建设一定要做到公共交通资源的合理配置，建成方便快捷的公共交通网络，方便市民出行。加大政府投入，加快公共交通网络建设，把公交车、地铁、出租车和公共自行车等有效整合，提高公交资源的利用率；进一步合理规划公交线路，把主干线、干线、支线依次连接，构建方便高效的城市公交网；城市道路规划建设要有科学的前瞻性，特别是在城郊之间、大型住宅小区、长途汽车站、地铁站等人员流动大的地方，在前期规划时就要把公交场站作为配套设施一并设置；改造现有老旧小区的配套设施，建设立体式停车场；改造中小街道，形成道路资源的有效利用，提高车辆通行率；在道路条件可行的基础上，取消"禁左"，减少车辆在道路上行驶的时间，避免车辆长时间占用道路资源。

完善公共体育设施是宜人成都建设的要求。目前，我市每个社区和新建的小区基本都配置有公共体育设施，方便了市民健身。但是管理和日常维护需要加强。一是要明确管理范围和主体。市和区（市）县体育行政部门利用体育彩票公益金在公共场所建设的向公众开放的体育健身器材和设施都要纳入管理范围，市和区（市）县体育行政部门依据国家相关规定，负责本行政区域内的公共体育设施监督管理工作，一定要履行好职责。二是要规范使用。管理单位应建立健全规范的服务制度，在醒目位置明示健身设施的使用方法和注意事项。管理单位负责公共体育设施的资产管理和日常维护，应当建立设施使用、维修、安全、卫生等管理制度，确定管理人员，定期检查、维护和保养。管理部门和管理单位每年应安排一定数额的经费保证公共体育设施的保养、维修和更换。三是要提高使用效率。市和区（市）县体育行政部门应按照全民健身工作的统一安排，利用公共体育设施开展全民健身活动，管理单位应积极配合健身活动的组织工作，确保公共体育设施得到充分利用。市和区（市）县体育行政部门应当给予科学指导和宣传引导，形成良好的健身氛围，促进市民更加积极地利用公共体育设施进行科学健身。

参加学术沙龙活动的人员还参观了新都区规划馆、听取了新都区规划分局所作的"北改"规划。整个活动对于进一步认识宜人成都建设的目标起到了积极作用，对创新城市治理起到了抛砖引玉的作用。

本次沙龙由成都市社会科学联合会、成都市委党校、《成都日报》主办，成都市党校系统邓小平理论研究会和新都区规划分局、建设局承办。新都区委常委、区总工会主席刘刚毅，区委办公室、区规划分局、区建设局等部门的领导，以及成都市委党校2012年第5期"成都市城市治理创新研究"专题教学班的学员，共计25人参加了本次学术沙龙。成都市委党校公共管理教研部主任李友民教授主持沙龙。

树立国际理念●建设现代城市

众智共谋锦江国际化

2012年3月2日，由锦江区社科联举办的"锦江区推进国际化进程外资企业座谈会"在仁恒置地写字楼隆重举行，来自仲量联行、仁恒置地、希马克资本公司、凯达环球建筑事务所、广州高力国际、成都德科公司、新鸿基、联泰大都会、四川任仕达、高纬环球、香港置地等11家外资企业代表和区政府办、区委宣传部、区商务局、区投资局以及中央商务区管委会等5个功能区的领导参与座谈。

座谈会对近期全区贯彻加快推进国际化进程的做法等相关情况进行简单介绍后，再次明确座谈会的主题，鼓动大家围绕锦江区国际化发展现状、与国际化的差距以及今后如何推进锦江区国际化，展开宽松式、开放式发言。

仲量联行代表认为，锦江发展很好，锦江的居住环境变化很大，有很多休闲的地方，兰桂坊和三圣乡都是比较好的项目。未来写字楼的发展，除了硬件配套以外，很重要的是取决于整个楼的发展，包括它是不是绿色环保大楼。一个办公楼的整体发展，应该是把外来企业和本土可以升级的机构结合在一起，而不只是需要外资企业。大量的外资企业和许多本土成长型的企业的结合，这样才会互相取长补短、持续发展。对于高端楼宇，国际化城市一般通行要求是产权不分割出售、建筑功能要低碳环保等等。香港整个办公楼宇是慢慢一步一步发展的，并形成一个CBD，这个区域既有非常高端的楼宇，也有中端的或者低端的，不同的企业可以选择不同的地方落户。但成都因为发展速度非常快，没有时间去沉淀，同一时间有很多楼的投入使用。有的客户不知道怎么去选择，也不知道未来发展的方向怎么样，所以他们会选择观望和等待，这样有可能影响到发展速度或发展空间。因此，我们应兼顾不同档次，满足不同客户的需求，慢慢形成不同层次的聚集，拉动整个楼市。

希马克代表认为，作为一家投资公司，在推进国际化进程中有两方面可作一点贡献。可以把国外的合作伙伴跨国公司区域的总部设在成都。成都经过过去十多年的发展，客观上有吸引很多跨国金融企业在西部设立区域总部的可能性，我们可以想办法加速这种可能性，把这种可能性变成现实。建议可以在个税方面做一些政策上的突破，这样来吸引高端人才。因为大部分来这里工作的都不是公司老板，至少高管层是把个税作为一个非常重要的考量。比如我们现在主要的合作伙伴、一家在西南地区发展很看好的公司，就拟定在成都设立总部，他们最大的需求就是希望在个税方面作一些政策上的突破。可以尝试和努力促进成都本土企业走出去，在海外做跨国并购。现在我们做顾问的两家医药企业，他们在欧美做并购，欧洲目前的形势不好，这种情况可能还要持续几年，这个时间为我们国内企业在海外做并购提供了特别良好的时机。

凯达环球建筑事务所代表认为，国际化归根到底最基本的是以人为本，不仅是国际人才，本地人才才是最基础的人才。比如在商业方面，春熙路、盐市口、天府广场这一片整个商业基础已经有了，但是还有几个问题：第一，整个商家的品质和购物环境比一线城市还有一些差距。第二，怎样把商家的联系进一步加强，还可以再探讨。比如香港中环置地广场的几栋楼，约客大厦和文化东方酒店等，除了单独楼的改造之外，在二层楼完全进行无缝连接，促进商业功能最大化。王府井和太平洋之间的天桥，现在只是一个简单联系，没有封闭式的，下雨的时候比较麻烦，自动电梯也从来没有开过。第三，一定要把地下空间做好，以地铁上盖物业为基础，以交汇站为一个中心点，向周边商业辐射、发散。吸引人才最基

本的是要让其在这个地方工作感到一种归属感。目前，成都还没有提供出租车呼叫服务，看病耗费时间很长，国际学校教育收费较高，签证年限也给高管带来不便。就城市的形象、印象而言，一是国际性的设计公司多参与城市项目设计。成都CBD与重庆CBD、香港CBD不一样。重庆解放碑CBD是一个区域，成都的CBD是线性的，人南轴和东大轴只是一条线。二是建筑设计上还要有绿色的概念。三是文化、医疗基础设施还不够。

凯达环球建筑事务所代表认为，联合国提出"更好的城市、更好的生活"，其含义在于，首先好的城市应该是有好的居住环境，低碳、环保、可持续、节能、文化，有艺术、博物馆，甚至是农业、旅游。我们在建中央商务区或者新区建设的时候，文化积淀究竟是什么，有没有本土的东西支撑，和以前的历史有没有关系，和文化有没有关系，和以前本地的东西有没有关联，而不是简单地去做一个新的。锦江的CBD一定要有自己的特点，怎样能够让人记住，这是成都的CBD，是锦江的CBD。

高纬环球代表认为，成都可以着力打造人文历史，吸引更多的企业和人群。在基础设施方面还有值得改进的地方，比如中环广场门口的地一大道，现在还只是起到一个交通动线的作用；成都的教育状况会影响高端人才的引进和流失。创意园区宣传力度还不够，大家都知道高新区有一个软件园，却很少人知道锦江区有一个创意产业园区。

高力国际代表认为，很多世界五百强企业包括行业龙头企业在选址的时候，他们更多地提到一个问题，大楼同质化程度非常高，真正高品质的楼宇还不够，建议锦江区很多楼宇在低碳、节能、环保、绿色方面做出更大改进，吸引更多的国际性企业、五百强企业到锦江区来投资。

新鸿基代表认为，对于一个城市来说，要成为国际化的地方，就是城市面貌很重要，具体的就是楼宇的形象很重要，比如香港印象就是维多利亚港旁边两栋高楼，上海就是陆家嘴。锦江区要发展成为比较国际化的地区，首先要把楼的外貌和本区一些突出的地方拍成照片，根据过去在香港或上海的一些经验，针对国外比较高端的机构，比如汇丰银行、高盛、摩根士丹利，不管他们过来买商务楼还是租商务楼，都会有很多好处。要提供较好的商业配套，促进产业链上下游不同行业进

丹利联系，就挨着他们，这样几个人就可以跟摩根士丹利做很大生意，并不需要很大的面积。另外最近这几年比较厉害的就是私募资金，他们也是跟着这些投资银行或者证券公司，一般他们规模不是很大，但是也会跟着金融产业居住在一起。所以在产品的分割上面，我们不能一刀切，不能把它割得太小，否则会影响到一些配套产业的聚集。国际性的地区，要考虑人的生活习惯，加强不同功能区配置，尽量让纳税人住得很方便，达到不同的生活需要。

仁恒置地代表认为，希望我们的客户群是热爱成都的世界人和胸怀世界的成都人，希望在仁恒打造一个中国的时尚文化发布地，希望未来写字楼的发展不仅仅是一个外资企业或者本土优质企业的办公场，更望成为一个现代服务业的产业发展基地。锦江区是成都城市的中心，历史文化、商业商务、金融业和其他专业服务业等大量资源聚集在锦江。锦江区要继续充分发挥这些资源聚集的优势，继续大力发展楼宇经济，建设总部经济，吸引更多的国际企业、国际品牌还有国际人士进驻。建设总部经济或打造国际化城市是一个持续的过程，政府助推非常重要，希望锦江区可以扶持一些龙头企业，重点扶持一些示范性项目。锦江区在扶持企业发展，打造现代服务业，包括推进城市国际化进程这方面非常具有前瞻性，成都做国际化的研讨，集中的传播推广对于更多的外来企业认同成都，很有好处。成都市国际化与六个区的国际化相关，锦江区得天独厚，位置很好，锦江区国际化进程是六个区中真正意义上的国际化。

联泰大都会代表认为，短期来讲，推进国际化进程，通过招商引资，或者给一些扶持政策都可以达到目标，但长期来看，锦江区要在六个区做到领头羊，在很多细节上要重视，让高管人才、外来人员、外籍人士更加便利，比如参加社保或者提取公积金，可以做些政策突破，让程序更简化。在教育和医疗方面，锦江区可建立试点医院、试点学校。

驻。比如金融机构，一般要做一个区域总部，他们每一层的办公楼一般都在2500平方米左右，但如果楼面要做到2500平方米，整个结构限制就很厉害了，里面比较中心的组成部分就是核心，就占了楼面一半的面积，很多基础设施，包括电梯、卫生间、楼梯都放在里面，核心到外墙一般就在12米左右，这个是他们比较喜欢的一种类型的产品。如果我们把楼面缩小了，现在这边很多写字楼每一层的面积都在1800到2000平方米左右，没有2500平方米的，就达不到高端客户的要求，就会认为我们企业做得不太到位，影响到这些客户的决策。城市综合体办公楼与住宅以及比较大型的商场进行无缝连接比较重要，成都较大的综合体，基本上都是无缝连接，但是也会碰到空间的问题，受到一些设计上的制约。关于产业配套的问题，在很多高端的写字楼里，有一些相对说不是很高档，是一些较老或者面积比较小的写字楼，有它存在的合理性。比如摩根士丹利进驻到某个地方后，因为需要很多不同类型的服务，会把上下游很多不同公司也带过来。这些公司可能就三四个人，为方便摩根士

香港置地代表认为，成都城市化进程要重视人的素质，目前成都市有1400多万人，常住人口可能有六七百万，流动人口七八百万，如何提高这些人的素质非常重要。最简单的一个例子，从遵守交通规则的角度，北京、上海都比成都堵车要厉害，但大家都比较遵守交通规则。在服务方面，如何提高中低档次的服务或硬件，对推进整个成都尤其是锦江区的国际化进程，比较重要。目前，高档酒店、餐饮服务非常好，但中低档次的服务水平还未跟上，使很多人选择不留在成都。

任仕达代表认为，看一个地方国际化或者经济发展状况，很重要的指标是看其制造业经营采购指标。锦江区国际化应以成都整个来看，成都作为比较大的西部城市，已经具备很好的产业布局基础。制造业可能是周边的一些区县做的，不管是高新区也好、龙泉驿也好，这是他们的优势。锦江作为中心地带，主要着力点是在高端服务业。从思路上看，锦江区国际化发展应该是协同周边区县同步发展，这样的发展模式才会有长期的发展。一个城市是不是国际化，从感官上看，就是 CBD 的状况，看天际线就可以判断国际化的进程。还要看一些轨道交通、医疗以及引进物联网这个概念，相信成都已有这样的规划。要有远景规划，要有意识地培养特殊人才，比如说小语种人才。

德科代表认为，吸引外资企业和外籍人才，能否提供一个比较完善的信息共享平台比较重要。很多时候决定是否能吸引外资企业进驻锦江，关键是在前期的信息收集。一般国际客户会比较关注人力资源成本，在哪个区注册会比较方便，有没有政策倾斜。一些高层领导的考虑是住房、交通、教育等等比较细节化的东西。一些资深人士还会看重比如打网球的场地、好的高级公寓等细节。建议锦江区有更多比较集中的商业楼宇，更

多地偏向金融、零售、品牌中心。希望政府给我们客户候选人提供更多的政策支持。

锦江区的相关领导作总结发言。第一，感谢各位企业家代表，在百忙当中参加座谈会，今天的发言气氛很好，讲得非常实在，充分体现了大家对成都的热爱，对锦江的感情。第二，很多观点都是针对区域经济发展实际，针对加快推进国际化实际，对我们推进国际化各项工作有很重要的借鉴意义。第三，欢迎在座的企业，包括没有来参会的锦江区内各个领域的企业，对锦江区怎样落实好省委、市委的要求，把锦江区加快推进国际化各方面工作做得更好，通过多种方式、多种渠道反馈意见、交换信息。第四，希望在座的各大公司、各位企业高管，进一步关心、支持锦江国际化进程，一如既往地参与到推动锦江国际化进程当中，为把成都早日建成开放性的区域中心和国际化城市，把锦江早日建成全面现代化、充分国际化的国内一流的现代化生态性精品城区而共同努力。

做精、做美、做优、做强　打造精品锦江

为全面贯彻成都市第十二次党代会精神，认真落实黄新初书记提出的中心城区要走精品城区发展之路的重要要求，2012年5月3日，由锦江区委、区政府主办，锦江区委宣传部、区社科联承办的"做精、做美、做优、做强，打造精品锦江研讨会"在锦江区仁恒置地写字楼隆重举行。锦江区区委副书记郑家荣，区委常委、区委宣传部部长陈音，区委常委、区政府副区长诸红举出席研讨会。出席研讨会的嘉宾有省、市相关研究领域的著名专家和进驻锦江区相关行业的企业高管。成都市社科院副院长王苹、成都市社科院副院长阎星和成都市社科联学会学术部主任杨鸣应邀出席会议。参加会议的还有锦江区区委办、区政府办、区委宣传部、区投促局等16个部门的主要领导。

与会领导和专家围绕进一步将锦江"做精、做美、做优、做强"的会议主题，为打造"精品锦江"出智出力、献计献策。

一、让"精品锦江"惊艳世界

如何下好"五精"棋，让"精品锦江"惊艳世界，四川省社科院副院长、研究员李明泉认为，"精品锦江"可用五个"精"加以概括和描述，下好"五精"棋，"精品锦江"将惊艳世界。

——"精神"。倡导锦江核心价值观，在观念上解放思想、振奋精神，激发斗志、开拓创新，全区上下心往一处想，劲往一处使，加倍努力，忘我工作，展现锦江人的精气神，为"精品锦江"不懈奋斗。

——"精致"。粗糙不是文化，简陋也非文化。"精品锦江"需要在城市建筑、园林景观、城市小品、公共空间、广告招牌乃至建筑视觉色彩诸方面追求锦江诗情画意和人文气象，无处不精致。

——"精美"。主要指精品城市在建筑形式、景观形态、艺术样式等方面要精湛、精采、精深，突出千年锦江的城市精华，切忌粗陋粗劣，不遵循城市艺术发展规律，不尊重大众审美认知趣味。力图建构起"锦江城区美学系统"，使人走进锦江大街小巷，就能感受到进入美的感知场、美的体验区、美的生活方式。

——"精细"。"精品锦江"既需要大思路、大视野、大手笔，更需要精细实施、精细推进。精到城市管理，细到招幌样式；精到主题街道，细到一窗一瓦；精到园林造型，细到色彩和谐；精到低碳生态，细到水管龙头。

——"精心"。精品无疑来自于用心、专心、诚心。只有全身心投入"精品锦江"的建设，时时用心、处处专心、事事诚心、上下一心，真心融入锦江发展目标，就能"头雁高飞"，做精、做美、做优、做强"精品城区"。

二、打造"精品锦江"的着力点

高度、密度、包容度成为打造"精品锦江"的着力点。四川省社科院副院长、研究员盛毅认为，建设"精品锦江"，要把握好"三度"，即高度、密度、包容度。高度，就是城市功能配置处于国内外同类城市的水平；密度就是集聚度高、集聚效益好；包容度是对发展变化有很强的适应力，可以在较长时间内都处于领先地位。

现在成都的定位是世界生态田园城市，这个高度下，锦江作为中心城区，就要瞄准国际一流先进水平，要建设国际化城区。但不是每个方面都必须统筹推进，而应利用自身特殊的优势，抢占一些制高点。

经济越集中，密度越高。锦江区小，可开发的空间容量相对有限，再加上是一个老城区，那么在城市调整的过程中间，既要注意错落有致，也要注意高密度开发。

包容度涉及到很多方面，一是对先进产业发展的适应程度，或者说适应能力。光有国际化的意愿，但是没有能够对先进产业发展的适应能力，也是不行的。二是对不同市场理念和规则的接纳度。成都是一个移民城市，而国际化城市正需要这种更加包容、更加多元化的氛围，对不同市场理念、不同经营理念、不同规则的接纳，也是很重要的。还有对科技成果和创新的理解度，城市功能和创新的融解度，对城市开放的宽广度。

三、优化空间结构　提高空间效率

如何优化空间结构，提高空间效率，西南交通大学公共管理学院副院长戴宾认

为，建设精品城区，从空间上讲，要优化空间结构，提高空间效率。

第一，突出点状利用，以点促圈。不同经济活动都有不同空间的活动规律，在空间分布上都有特定的地方。服务业在空间上就是表现在一个点，围绕一个点形成一个圈，没有点的高度聚集，就不可能形成高度发展的服务业。锦江区可在春盐商圈的基础上，结合服务业的发展特点，形成几个集中的点，在点上突破，更能做成精品。东大街、红星路都需要依托一些点，往里面延伸，才会形成集聚。

第二，地面、地上、地下空间一体化复合利用。利用地下空间，怎么利用，还需要在理念和认识上突破。突破理念，一定要意识到现在地下的空间是作为城市空间的附属和补充。但从精品城区来看，恰好是相反的，它是地下、地面、地上一体化服务，是一个整体概念。国外的商场和周边的地方、地下空间全是连在一起的，地下完全是一个整体的东西。我们可以在二环路某个区域，把地面、地上和地下空间进行一体化的复合规划，整体考虑。

第三，促进人口的空间均衡。我们要把城区做成精品，不仅有产业，也有住区，也有社会管理。需要在空间上，促进人口的空间均衡，尤其是对人口密度过高的地方，需要疏解，否则交通拥挤、生态环境更加严峻，难成精品。

四、发展东大街　应对市场选择

如何发展东大街，应对市场的选择，成都市政府参事、经济学家王进认为，锦江虽小，但不可怕，为什么？可以玩"精"的嘛。锦江区的"五朵金花"，全国知名。现在，锦江区不防再造新"五朵金花"。第一朵就是东大街。大家都知道，上海在打造全世界第三大国际中心。为此，上海修改了自己的规划，为什么呢？按照以前的规划，上海希望金融企业集中到浦东金融城，但是企业不买账。修改规划后，形成"一城一街"的发展格局，愿意进浦东金融城的欢迎，愿意进外滩的也欢迎。黄新初书记远见卓识，提出"锦江区要继续做强做优金融业，积极发展优质融资服务和高端金融产品，形成与金融总部商务区错位发展、各具特色的产业格局"。东大街这朵花开得很鲜艳，正是市场选择的结果。

东大街下一步该怎样发展呢？首先，现在东大街的金融机构集中度很高，但不要以为金融街从头到尾都是银行，占到百分之二三十就不错了，还应该大力发展新兴金融企业，比如说各种各样的投资公司。其次，东大街是特别有文化底蕴的地方，但是东大街的历史没有体现出来。不妨通过各种元素，体现出唐朝时候的东大街、清朝时候的东大街，这样更值得人留恋。

五、传承特色文化　体现城市风貌

如何传承特色文化，体现特色风貌，成都市社科联（院）副主席、副院长、研究员王苹认为，文化是城市的灵魂，同样城市也是文化的沃土。锦江区内有很多传统文化，尤其是城市建筑文化需要去保护。如大慈寺、水井坊、合江亭、安顺廊桥等。应注意保护成都市建筑传统空间格局，在充分调查和对建筑年代、建筑风貌和建筑质量等因素的综合判定的基础上，对历史街区的每一幢建筑进行定性和定位，提出保护与更新措施。使历史街区有较完整的历史风貌、有真实的历史遗存，有一定的规模和范围，其风貌保持基本一致。

同时，城市改造要注意特色风貌。风貌街区要坚持"保护、延续、更新、提升"的原则积极进行试点，稳步推进风貌街区中危旧房屋的整治和修缮工作。

六、建设内涵式发展特征的精品型城区

如何建内涵式发展特征的精品型城区样板，成都市社科院副院长阎星认为，锦江区作为中心城区，在发展空间受限和已经形成了一定的紧凑形态、高密度和混合功能的基础上，应以"精明增长"理念为指导，科学规划、精心设计，通过转变发

展模式，完善城市功能，增强精品意识，推进精细管理，塑造社会治理民主、公共服务共享、文化生活丰富的现代城市生活形态，努力建设成为成都市体现内涵式发展特征的精品型城区样板。

打造精品的业态与物态。今后一个时期，锦江区要在高端产业中大力发展精品的业态和物态，在已经起步的产业中明确更加具有锦江特色和竞争优势的行业，商贸业要调整升级传统业态，加快发展新兴业态；金融业还需注重发展金融中介服务和金融市场中心。

引进精英的人士。精品的城区要靠精英的人士来支撑，精英的人士不仅将为锦江区的发展提供智力支持，更将成为精品城区建设的重要消费动力。要通过规划国际社区等方式，聚集一批白领、国际人士、中产阶级等，强化以人才集聚带动产业集聚的理念，深化"人才强区"战略，制定利于人才引进和发挥作用的政策体系，建立人才优先积累机制，健全开放性、多层次、多元化的人才引进和培养使用体系。

精致的生活。要从城市建设和公共服务方面赋予居住在锦江的人士精致的生活。高水平打造国际社区，积极引进国际学校、国际医院入驻，提升医疗服务、文化教育、物业管理等公共服务供给的国际化水准。

完善精细的管理。精品城区的建设过程也是公共管理从政府单向管理向公共治理的转型过程。要着力从以下方面来建立开放高效的公共治理机制，实现城区精细化管理。

七、打造精品项目　建设"精品锦江"

如何打造"精品项目"为建设"精品锦江"献力，成都乾豪置业有限公司总经理陈雷认为，成都极具魅力，是近几年国内发展速度最快的城市之一，远洋地产将长期驻守成都，加大投资，深耕细作，谋求长远发展。我们将用大慈寺项目成绩说话，为锦江区打造精品城区出力。锦江区是成都中心城区的典型代表，优势无法比拟，特别是走"精品城区"发展道路，有效解决了在有限的城市空间持续高速发展的问题，这也是目前国际性大都市的成功做法——中心城区往精品化、高端化、发展内涵化方面演进。公司的大慈寺项目正处在锦江中心城区，我们将发挥大慈寺项目优势，延续打造"现代生活与传统文化交融"的国际化特色商业中心的思路，融合人文历史，把外面的先进理念和中国传统的文化有机融合，创造出一种新的形态，把项目打造成一张成都新的名片，力争做精品城区中的"精品项目"。

八、让产业与创意结合　发展精品文化

如何让产业与创意结合发展精品文化，现代设计艺术博物馆馆长许燎源认为，锦江区很早就提出：资源有限、创意无限。现在在三圣花乡艺术区、蓝顶、现代设计艺术博物馆在全国已经产生了一定的影响。文化建设是锦江区的亮点之一，锦江区更应成为一个智力的输出中心，比如，创意设计在锦江，这是核心，产品生产在外地，销售在全国，锦江区就成了某一个产品生产的大脑。现代设计艺术博物馆在为全国各地服务，与茅台、古井贡酒等合作，输出智力，输出一些研发的成果，社会效益非常好。创意产业，锦江可以作为一个非常重要的板块，再给予它一些力量，让聚集效益放大。就成都本土而言，有很多产业，也急需升级换代，把低端产业变为高端产业，也需要文化创意的力量。创意不仅仅是简单的跟产品结合，所有的行业都需要创意，包括很多经济模式的创新，有可能就是一个灵感、一个创意，带来一些改变。这些，表面上是创意产业，实际上是文化立意的扩张。这些工作做好了，会产生一种影响力，对区域的投资带来积极影响。

"智慧城市"管理与"智慧城市"建设

　　2012年9月7日，由成都市社科联、成都日报社、成都市委党校主办，成都市党校系统邓小平理论研究会承办的主题为"信息安全与智慧成都建设研究"的成都学术沙龙活动在成都市委党校教学楼举行。成都市政府办公厅、市委宣传部、市经信委、市委保密办、市委机要局、市公安局、市检察院、市广播电视和新闻出版局、市质监局、市食品药品监督管理局、市老干局等市级相关部门负责人和专家，青羊区、高新区、都江堰市等领导及相关部门负责人，以及市委党校相关专家，共20余人参加沙龙活动，就成都智慧城市建设的探索与实践问题进行了热烈的讨论。本次学术沙龙由成都市委党校现代科技教研部主任张洪彬教授主持。

　　就当前成都"智慧城市"建设，沙龙进行了深入的研究分析并提出了对策建议。

一、"智慧城市"建设的必要性和重要性

　　信息化在世界范围内迎来了新一轮革命浪潮，云计算、无线移动、物联网等不断涌现，各种新技术的聚合效应催生了一大批新应用、新业态、新产业和新生产方式和管理方式，正在深刻地影响城市及城市化的发展。

　　"智慧城市"是指综合利用各类信息技术和产品，以"数字化、网络化、智能化、互动化、协同化"为主要特征，通过对城市内人与物及其行为的全面感知和互联互通，大幅优化并提升城市运行的效率和效益，实现生活更

加便捷、环境更加友好、资源更加节约的可持续发展的城市。

"智慧城市"是城市信息化发展的高级阶段，包含"感知化"、"互联化"、"智能化"三层涵义，其核心是基于无处不在的信息网络，通过更加透彻的感知、更加广泛的连接、更加集中和有深度的计算，建立覆盖人、自然、社会的感知网络，动态感知城市建设、运行、管理、发展的各种需求，实现物理世界和虚拟世界的交互、通信和控制，从而构建一个智能的生产、服务、生活体系，让城市中的每个人享受健康、平安、便捷、和谐的生活。

建设"智慧城市"有三大作用：第一，经济增长的"倍增器"。一是信息产业作为智慧产业的核心和基础，本身将成为一个重要增长点；二是智慧技术能在国民经济各个领域产生强大的关联和带动效应，使传统工业、农业和服务业的生产方式与组织形态发生变革，不断创造新的经济增长点、衍生新的产业形态。第二，经济发展方式的"转换器"。一是有助于自主创新能力的提升，二是有助于资源的优化配置，三是有助于强化对节能减排的监管。第三，产业升级的"助推器"。智慧产业发展将直接推动产业结构优化，而且智慧产业进一步发展将促进产业升级换代。加快智慧技术在制造业、服务业和农业等领域的应用，将使这些产业实现升级改造，实现从"一般制造"向"智慧制造"、从"一般服务"向"智慧服务"、"一般农业"向"智慧农业"的转型升级。

"智慧城市"建设是加速提升城市现代化水平，推动城乡一体高度融合，全面提高城市综合实力和竞争力的必由之路。因此，建设"智慧城市"是时代赋予我们的责任和使命。

二、"智慧城市"建设与成都当前发展的关系

与会专家指出，成都市委对"如何建设成都"、"建设一个什么样成都"等，有一系列的创新思维和具体部署，提出了"交通先行、产业倍增、立城优城、三圈一体、全域开放"五大兴市战略，要求通过营造"全球比较优势、全国速度优势和西部高端优势"，把成都建设成为"城乡一体化、全面现代化和充分国际化的西部经济核心增长极"。

大家一致认为，搞好成都信息化基础设施的建设是智慧城市的基本要求，当前成都市的五大兴市战略与"智慧城市"建设密切相关。比如，"交通先行"战略在于要构建起城乡一体、高效衔接、便捷畅通的市域交通体系。如何做到，除了道路、桥梁等交通基础设施的建设外，还需要"智慧交通"等要素，信息化与交通基础设施的高度融合意味着交通体系品质的提升。还有"产业倍增"战略，关键在于三次产业要联动发展，前提在于先进制造业要先导发展，先进制造业与智慧产业有着天然的联系。"立城优城"更是涉及到宜业宜商宜居，智慧城市的建设将提供新的宜业宜商宜居途径。在实施"三圈一体"战略，加快形成一体化的市域经济中，信息化更显重要作用。毫无疑问，在当今世界，智慧城市建设是发展潮流，也是热门话题，是对外交流的重要内容。

在现代化、信息化的条件下，建设世界生态田园城市，需要数字化、智能化为特征的信息技术的大力支撑，推动城乡之间的均衡发展，让城乡居民共享发展成

果。第一，先进的信息化基础设施为世界生态田园城市信息化应用发展提供基础的支撑。第二，智慧的城市生态是以智能化为特征的信息技术在城市节能环保领域的深入应用，减少能源消耗、降低污染排放，促进低碳、绿色生态城市的建设和实现。第三，智慧的城市运行是以智能化为特征的信息技术在城市交通、城市管理、城市运行监测、供水、供电、供气等公用事业领域的深入应用，建立起智能的生产、管理和服务系统，有助于提升城市运行管理的智能化水平。

三、"智慧城市"建设与社会管理

大家普遍认为，智慧城市既是技术领域的革新，是经济层面的飞跃，但智慧到什么水平和程度，智慧城市能在多大程度上改变城市面貌和市民生活，归根结底，还得看社会管理的智慧状态。"智慧城市"既有可能引发信息产业链的一场革命，影响产业布局和经济结构，但最深刻的改变，恐怕还是会在城市生活和社会管理方面，因此推进智慧城市管理是我们面临的重要工作。

有专家介绍了目前成都市在社会管理信息化方面所做的探索。如通过数字化城管系统，成都市初步实现了城市管理区域精确化、上报内容数字化、问题处置精细化、日常监管长效化的目标，促进了城市管理由粗放型、经验式管理向集约型、科技化转变。再如，武侯区在陆坝村试点的劳动监察网格与村级综合管理网格的"两网融合"，取得了可喜的成效。这些探索表明，信息化与社会管理的融合，将创新社会管理模式，提升成都的社会管理水平。

四、"智慧城市"离不开产业的支撑

专家们指出，产业兴则城市兴，产业强则城市强。因此，发展智慧产业是成都建设现代生态田园城市、智慧成都的关键环节。

加快推动信息化与工业化深度融合，利用信息技术改造提升传统产业，培育战略性新兴产业，发展高端产业。当前，成都应着力抓好以下几个方面。一是用信息化改造提升传统工业，二是信息化改造提升传统服务业，三是推进信息产业的发展，四是发展战略性新兴产业。

建设智慧城市涉及诸多方面，其中民生与智慧城市密切相关。从产业角度看，智慧产业的发展意味着更多的产品，需要市场的支撑，老百姓口袋里有钱意味着更大的市场，意味着智慧产业发展的前景。

第一组　杨莉　丁屹　杨小明

五、"智慧成都"的建设途径

专家们指出，智慧城市的建设要做好顶层设计，要注重技术与非技术因素，要关注制度对技术的支撑和引导。就成都实际而言，建设智慧成都的途径大致可有以下方面：1. 建设最先进的信息基础设施。要抓住国家现代通信枢纽空间布局调整机遇，以成都通信枢纽建设为契机，加快推进城市信息基础设施建设，打造国内一流、国际先进的信息基础设施，进一步提升信息化基础设施服务能力，为建设更加智慧的城市提供重要基础支撑。2. 建设智慧的城市生态。一要利用信息技术促进用能行业节能减排，二要利用信息技术提高环保监控能力。3. 建设智慧的城市运行系统。一是建立智能的城市交通体系，二是打造数字化、智能化的城市管理，三是建设数字化、智能化的水电气服务体系。4. 建设智慧的乡村。用信息化推进现代农业，用信息化打造现代农村。5. 建设智慧的家庭。构建智能的家庭综合服务与管理集成系统，打造智能家居，满足人们对"智能"生活的要求，提升家居生活的安全性、便利性和舒适性，同时，实现环保节能的居住环境。6. 建设智慧的产业。7.

建设智慧的政府。要大力发展电子政务，推进政府工作的信息化，有效促进行政管理体制改革，加快政府职能转变，提高政府行政效能和决策水平，增强公共服务能力，促进政务公开和政民互动，加快规范化服务型政府的建设。

六、建设"智慧城市"必须注重信息安全

有专家提出，信息安全与信息技术相伴而生，智慧城市的建设离不开信息安全。建议重点抓好如下工作：一是抓好全社会的信息安全教育，提高公众信息安全意识和信息安全防护技能；二是进一步提高信息基础设施和重要信息系统的安全防护水平；三是加快发展信息安全产业，满足信息安全需求日益剧增，为繁荣信息安全市场提供广阔的空间；四是加强管理协调，开展重要信息系统的安全检查，提高对信息安全突发事件的应急处理能力；五是在工作和生活中使用QQ、网上银行、网上购物、手机短信、电子邮件、工作业务系统的时候，要养成一些好的习惯，避免因不良习惯造成信息安全事故。

倡导以人为本●促进文化繁荣

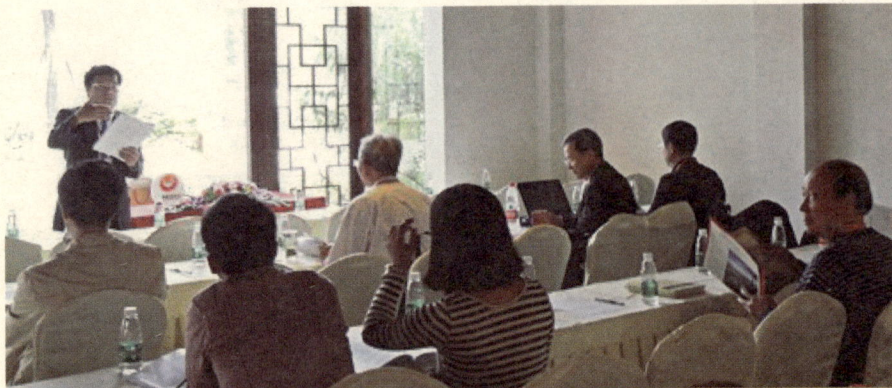

客家文化资源的挖掘与利用

2012年9月19日，"第三届客家文化高级论坛"在成都怡东国际酒店隆重开幕。此次活动由中共成都市龙泉驿区委、区政府，四川省社科院、四川省社会科学界联合会、四川省侨办主办。中共龙泉驿区委宣传部、龙泉驿区社会科学界联合会、四川客家研究中心、四川客家海外联谊会共同承办。龙泉驿区洛带镇人民政府、成都地润置业有限公司、百年财富投资集团、完美（中国）股份有限公司大力协办。

本次客家文化高级论坛是由海峡两岸高校及科研机构联合发起的高级联席会议，是促进两岸文化、经济交流的重要平台。龙泉驿区社科联联合四川省社科院客家研究中心等多家单位共同承办了第三届客家文化高级论坛，在主题内容上较往届论坛活动进行了创新，将新时期文化创意产业引入论坛，希望能在传统文化、文化产业研究与实践等多个领域与国内外知名专家展开交流，并通过文化与经济的互动，推动龙泉区乃至全省文化事业的繁荣发展。此次活动按照高水平、高层次、高规格要求举办，来自韩国和台湾、香港、澳门、北京、上海等地200余名客家文化研究的专家学者代表齐聚中国西部客家第一古镇——龙泉洛带镇，就"客家文化与产业发展"、"客家方言研究与传承"的主题进行学术研讨和交流。

19日上午，论坛开幕式在成都怡东酒店举行。中共四川省委宣传部副部长赵明仁出席开幕式，四川省社科院院长侯水平研究员在开幕式上致辞，四川省社科院副院长李明泉研究员主持开幕式并讲话。出席开幕式的领导还有：四川省社科联党组书记唐永进研究员、四川省侨办李杨阳副巡视员。台湾中央大学客家学院前院长丘昌泰教授、香港中文大学刘义章教授、中国闽台缘博物馆馆长杨彦杰教授、深圳市文联副主席杨宏海教授等两岸三地150名客家学者出席。

19日下午，第三届客家文化高级论坛研讨学术沙龙在洛带镇博客小镇凤梧书院举行。四川省社科院客家研究中心主任陈世松，四川客家海外联谊会副会长、成都市龙泉驿区客家海外联谊会会长曾本兴，四川省语言学会会长、四川师范大学文学院教授邓英树等专家学者近100人分两小组，分别就客家文化与产业发展、客家方言的研究和传承等两大主题展开了充分的交流和深入的探讨。大家一致认为，如何深入挖掘地方文化资源，打造具有地域特色的文化产业品牌，已成为地方经济发展不可忽略的重点。此次客家文化研讨学术沙龙正是借青年论坛契机，通过客家文化的深层次挖掘来开发文化产品，进一步深化龙泉区文化产业发展内涵，促使文化产业可持续发展，使客家文化、客家方言成为能够感知、学习、欣赏并能够带走的文化旅游产品，这将是充满创意且具有广阔前景的发展重点和努力方向。与会学者随后参观了土楼博物馆、龙泉历史百年区域形象展及古镇老街。

西部客家博物馆位于洛带博客小镇客家土楼中，是由四川客家中心团队倾力打造的西部唯一的情景式客家博物馆。省人大常委会副主任彭渝，西南财大教授李达昌，四川省社科院党委书记李后强，四川省社科院副院长李明泉，四川省社科联副主席、党组副书记唐永进，四川省侨办办公室副巡视员李扬阳，中国社科院历史研究所研究员周远廉，及相关区领导参加了下午的学术沙龙活动。

为弘扬洛带客家文化，共谋龙泉产业发展，19日下午，作为"第三届客家文化高级论坛"系列活动之一的龙泉驿百年历史文化档案图文展《时间的碎片》在洛带镇五凤楼广场举行。本次图文展，共分为"地图中的龙泉驿"、"文脉中的龙泉驿"、"契约中的龙泉驿"、"照片中的龙泉驿"和"三最龙泉驿"五个部分，将龙泉驿历史上的时间擦痕与时间碎片拼合起来。此次青年论坛系列活动的成功举办，为传承客家文化艺术的精髓，彰显龙泉客家地方特色，进一步提升龙泉经济竞争力和文化软实力，让世界聚焦龙泉、关注龙泉，起到了重要作用。

中国书画名家文化下乡来

2012年11月16日，中共龙泉驿区委宣传部、区社科联、区文联、区社建办共同举办了"中国书画名家文化下乡来"系列活动。活动由中国书画名家研讨学术沙龙、中国书画名家文化下乡来文艺演出及书画家现场作画与市民交流等系列内容组成。

在区委宣传部会议室举行了中国书画名家研讨学术沙龙，宣传部副部长肖迁鸿主持，区社科联相关领导及部分书法名家参加。沙龙围绕此次"送文化下乡，促文化发展"的活动主题，共同探讨如何丰富龙泉驿新市民精神文化生活，提升精神文明建设，创新形式，献计献策。大家一致认为，必须根据本土文化特征，围绕丰富群众文化生活，大力发展先进文化，有力促进新市民物质文明和精神文明协调发展，提高新市民文化素质，突出构建和谐社会，共建社会繁荣，营造和谐文化氛围。在桃花仙子广场，北京大学书法教授、著名书法家杨重光，四川省诗书画院院长戴卫，四川省美术家协会主席阿鸽，北京大学文化艺术研究所副所长、著名画家杨和平，四川省书法家协会副主席兼秘书长戴跃等10多位来自全国各地的书画名家与市民们交流书画艺术。

在活动现场，有新市民拿出自己的书画作品，请书画名家现场指点。一些爱好书画的新市民还当场向书画名家拜师学艺，交流学习书画艺术的心得。最后，出席活动的书画名家现场挥毫泼墨，为龙泉留下珍贵的墨宝，其行云流水的书法技艺博得热烈掌声。

中国书画名家文化下乡来文艺演出在大面街道龙华广场隆重举行，吸引了来自龙华社区上千名新市民观看。文艺演出节目精彩丰富，有演奏、小品、歌曲、相声等。在活动现场，著名书法家杨重光将一幅书写了大大"龙"字的书法作品交给了龙泉驿区委宣传部肖迁鸿手中，赠送给龙泉驿区委、区政府。同时，其他书画名家也赠送了墨宝。

此次活动的成功举办，为龙泉驿新市民搭建了一个乐于参与、便于参与的高水平文化平台，用书画艺术巧妙地反映了龙泉城乡统筹新面貌、生态移民新成就、市民创造就业新生活，以及对未来前景的美好向往，组成了一幅幸福龙泉、和谐龙泉的新画面。同时，也推动了龙泉驿区书法家协会的筹建工作。龙泉区书法家协会经过前期的准备即将挂牌成立，为此，著名画家杨和平老师还专门为龙泉书法家协会题名。新市民在参与这项活动的过程中，也潜移默化地提升了自身的文化素养，享受了美味丰盛的精神大餐。

让客家文化助推龙泉发展

2012年2月12日，龙泉驿区社科联在洛带镇三读书屋举办了客家文化座谈会，四川省客联会会长李天久、龙泉驿区客联会会长曾本兴及区文联、洛带镇、区客家博物馆、《龙泉开发》期刊社等单位相关负责人参加了会议。会议在充分讨论、深度研究的基础上达成如下共识：发挥客商在中国西部大开发中的作用，成立四川客商会；建一个永久性的客商会——中国西部客商会馆；建一个客商企业文化博物馆；成立客商总部；设立客家文化研究基金；成立客家基金文化交流中心；成立中国西部客家文化生态保护实验区；主办客商大会的相关论坛；2012年七八月举办一个客商文化研究及企业发展高峰论坛；省客家研究会挂牌，让洛带成为省客家研究会的招商部、联络部、工作部；成立有编制的事业单位——龙泉客家文化研究中心。会后，相关部门将做大量工作，逐一落实以上事项，助推龙泉社会科学的发展。

洛带客家文化的传承

2012年7月24日，龙泉区委宣传部、区社科联在洛带古镇举办了洛带客家文化学术沙龙暨CCTV-4百集历史纪实片《客家足迹行》洛带专集拍摄方案研讨会。CCTV-4专题拍摄组编导和主持人等一行四人；四川省社科院客家文化研究中心主任陈世松教授、省社科院客家研究中心专家李军，成都信息工程学院客家语言研究专家兰玉英教授，龙泉客联会专家胡开全等本省和本区客家文化研究专家；区社科联副主席林泓，区委外宣办、区政府新闻办副主任李冰燕，区档案局副局长王小兵，洛带镇副书记孙宁等参与了方案的研究和讨论。

《客家足迹行》是CCTV-4推出的凝聚海外华人，弘扬客家文化的大型百集系列节目。摄制组一行来到洛带古镇，准备开始为期8天的采访和拍摄。为使节目所呈现的洛带古镇客家风情给世界华人留下更深刻的印象，充分展现洛带客家文化的深厚底蕴及客家人勤劳、勇敢、坚毅和机智的精神，龙泉驿区委宣传部、区社科联特举办了此次洛带客家文化研讨学术沙龙。在学术沙龙上，各方人士群策群言，就客家的迁徙、发展历史及客家文化内涵进行了充分交流和挖掘。专家学者们还积极向摄制组提供了很多新鲜且富有创意的拍摄素材和原始资料。摄制组表示，参加此次研讨会受益匪浅，对《客家足迹行》的拍摄起到了重要的推动作用。会后，摄制组一行与专家们共同走进客家古镇进行实地考察。

阐发三教的元典精神，概括做人的道德标准。阐发了儒、道、佛三家学说的元典精神，即孟子说的人要保持一颗赤子之心，此心乃儒、道、佛三家提出的"性"，性与心有异，先天性即心，后天心分善恶。人性只有在母腹中的时候最纯洁。

槐轩还进一步概括了做人的道德标准：1.做人的目标是"成己成人"，"成己"是指成就自己，"成人"是指成就他人，"成己"中包括"成人"，不能"成人"也就不能"成己"。2.做好人的步骤，即《大学》中的八条——格物、致知、诚意、正心、修身、齐家、治国、平天下，其中前五步重在"成己"，后三步重在"成人"。3.做好人的方法是运用孔子的"忠恕"观，忠，诚也，仁也，天理良心也；恕，克己，推仁，推爱，宽仁厚德也。槐轩强调做人在任何事情上都要扪心无愧，要有良心，要宽仁厚德。4.做好人的途径是"静养未发中，动循天理则"（《槐轩全书·蒙训》），意思是说人在娴静时要抛开七情六欲，保持胎儿在母体中的状态；在活动时要寻求天理，凭良心来想来做，这样就能养足人的元精、元气、元神。5.做好人的判定标准是处理五类人的关系，即实践五伦之道：父子慈孝，兄弟敬爱，夫妇和顺，朋友忠信，君臣礼义。只要做到了以上五点，人人皆可以成为圣人，人人皆可以为尧舜。

领略"川西夫子"学说精髓

2012年7月20日，双流县社科联有幸邀请到"川西夫子"刘沅的曾孙、槐轩学派的继承人刘伯谷先生，在县档案局一会议室举办成都学术沙龙，探讨了槐轩学说的历史和基本观点。参加沙龙的有县文化名人王泽枋、邹应坤，县社科联副主席吴红凌、县委宣传部文产科科长腾艳以及县档案局、彭镇、双流县传统文化研习会的相关人员，共计30余人。

刘伯谷多年来致力于刘氏家学的编辑、出版和研究工作，使槐轩学说得到了较好的传承，他用了三个小时，口述槐轩学说的历史和基本观点。

从纵向看，槐轩学说有传承、刘氏家族有积淀。槐轩学说的产生是有着深厚的历史背景的，它得益于一代代人对儒道佛学说的研究，更得益于刘家持续不断的家族传统积淀出来的一种人文精神。从刘氏家族入川第一代到第六代可以看出，家族以教书为主业，喜欢读书，为槐轩学说的产生做好必要的文化积淀。到第七代时，有刘方高和刘沅住在双流，刘方高是兄长，曾中进士，在广西玉林州担任知州。刘沅虽然很有才华，被委任过官，但只是短暂上任，一生主要是教授学生，研究孔孟学说，著《槐轩全书》，是槐轩文化的集大成者。从第八代到现在，有被誉为"刘家四才子"、"天才学者"的刘咸炘对槐轩学说进行了丰富和延伸。刘氏家族家风纯正，不慕名利，喜欢读书研究，专于教学育徒。这可以说是诞生槐轩文化的重要土壤，也是继承和推广槐轩文化不可缺少的学术氛围。

从横向看，槐轩学说有源头，阐发概括有新意。会通孔孟之道，提出三教同源。槐轩进一步阐释了孔孟提出的做人的最高标准，那就是以二帝三王（尧、舜、禹、汤、文）为标准，会通了儒、道、佛三教之精微，依据道家提出的修身养性、佛家提出的明心见性、儒家提出的穷理尽性，提出了三教皆圣人的观点。因为三教中都提到了"性"，都主张恢复人性的问题，可谓是异曲同工，殊途同归。

刘伯谷先生精辟的讲解，激发了听众参与讨论的热情，与会同志谈了自己对槐轩学说的理解和认识。大家一致认为，槐轩学说的产生是历史积淀和家族积淀的共同结果，它的理论核心与正在构建和谐社会的理论相融合，它的学术价值正在当今社会日益显现。

"槐轩学说"助推双流文化强县

2012年10月12日，双流槐轩文化学术沙龙在县图书馆举行。著名历史学家、省巴蜀文化研究中心学术委员会主任、省历史学会会长谭继和，西南民族大学教授祁和晖，四川大学老子研究院院长、道教与宗教文化研究所教授、博士生导师詹石窗，四川省图书馆副馆长、省社科联理事、研究馆员王嘉陵，四川大学图书馆馆长、教授、全国高校图工委副主任马继刚，中国社科院博士赵敏等专家、学者，以及双流县相关部门领导和来自成都、新疆的槐轩文化爱好者参加了学术活动。专家学者从多角度、多层面阐述了槐轩文化的主要学术思想及现实意义，对双流文化强县工作提出了建设性意见。

一、槐轩学术体系和核心思想

谭继和教授从整理点校笺解刘沅先生《十三经恒解》的角度，认为《十三经恒解》是《槐轩全书》中的核心著作，是刘沅学术思想的集中体现。该书是乾、嘉、道、咸之间清代儒学发展新阶段"新心学"的产物和结晶，也是以"今文经学"为特征的清代蜀学发展新阶段的标志性文献。刘沅的学术思想因有体系、有内核、有鲜明特征为被称为"槐轩学"，实际上就是《十三经恒解》构建起来的学术体系和学术话语。槐轩学说是天地之学、宇宙之学、人心之学，体系非常庞大、内容极为深刻。槐轩学说以"人为天地之心"为内核，以"穷理尽性"和"实践人伦"为两翼的会通天、地、人的儒经恒解的体系，其核心思想是重民彝重民生、以民为重、以民为贵。《十三经恒解》从人类终极价值的角度，从中华民族价值观的视角，把心学提升到人学，即人的价值之学的高度，就是"止至善"和"明明德"。刘沅先生批判性吸收了理学、心学、道学传统，将传统心学升华为"新心学"。他以儒为本，会通儒释道，成百家之言，对近代文化转型与近代蜀学发展、构建民族价值观提供新质因素做出了巨大贡献。同时，对经典"贯解"与"附解"的体例，体现出解读经典的创新性。

詹石窗教授站在道家学术研究的角度，认为槐轩学说是心性之学，融通三家，以修身养性为根本，具有鲜明的实践特点，对近代道学发展具有重要影响。他希望槐轩学说在社会各界的共同努力下，得以传承发扬光大。

祁和晖教授认为槐轩学说具有门户开放、兼容并蓄、择善而从的特点，纠正了后世儒学流弊，具有经世致用的重要价值。刘沅先生胸怀崇高，思想朴素，关注现实民生，是"新心学"（四川金堂人、现代大儒贺麟创立）的先驱。

二、槐轩学术研究与推广

赵敏博士介绍了撰写《巴蜀刘门》（拟于近期出版）一书的情况，认为槐轩学说会通三家，归本于儒，是优秀传统文化的重要组成部分。但是个别学者对槐轩学说认识尚有误解，应还其正统儒家孔孟学说的本来面目。

施维先生通报了近年策划编辑出版《槐轩全书》和《推十书》的情况，重点介绍了即将出版的《十三经恒解》点校笺解进展情况，指出刘沅刘咸炘先生祖孙二人学术思想受到了陈寅恪、梁漱溟、李学勤、刘大钧等学术大家的高度肯定，是四川学术界极具分量的代表人物，其思想和学说对推动四川文化建设具有重要的现实意义。

陈俊峰先生表示将一如既往支持槐轩学说相关著作的出版发行，为弘扬槐轩文化尽自己绵薄之力。

王泽枋先生从研究发掘槐轩文化文献的角度，希望各界人士进一步加大槐轩文化的典籍收集、整理等工作，为弘扬槐轩文化打好基础。

陈伟芳先生回顾了近期参与彭镇槐轩文化宣传策划工作，认为打造槐轩文化应遵循《槐轩谕学者》的基本观点，确保宣传不走样，打造有特色。

三、槐轩学说对医学发展、书法教育的作用

赵军先生介绍了从郑钦安先生（刘沅先生弟子）所著《医学三书》中开始学习中医的经历，指出槐轩学说对郑钦安先生所创立的中医扶阳理论的形成具有重要影响。

刘奇晋先生认为，刘沅先生著《蒙训》等书籍中对书法的论述浸透了中国传统

罕见。双流具有如此丰富的历史文化底蕴，希望双流充分挖掘槐轩历史文化资源，加大宣传力度，加快文化强县建设步伐。

王嘉陵副馆长认为双流刘氏家族是四川历史上少有的文化大家族，槐轩学说与推十学具有极高的学术价值和地方文献价值，为百强县双流提供了重要的文化支撑。

刘伯谷先生代表刘沅先生后人诚挚感谢县委县政府重视槐轩文化、专家学者热忱研究槐轩学说、双流传统文化研习会积极学习推广槐轩文化，表示将积极配合槐轩文化的研究与打造，为双流文化强县建设做出应用的贡献。

文化的思想，对纠正书法重艺术轻实用、重表演轻修养的倾向具有重要的指导意义。

四、槐轩学说对推动双流文化强县建设的作用

张守伦副部长希望专家学者进一步加大槐轩文化研究力度，积极支持配合双流文化品牌打造，推动双流文化强县建设。

马继刚馆长认为双流图书馆等公共文化场所建设成效明显，充分体现了双流县委县政府对文化建设的高度重视。刘沅先生之孙、天才学者、川大教授刘咸炘先生所著《推十书》遍及哲学、史学、诸子学、文献学、文艺学、文化学、方志学、校雠目录学、书学等领域，在中西文化交流和文化传承中功不可没，十分

卧龙镇党委书记张萍介绍参会人员、卧龙镇基本情况和建设"世界名酒酒庄小镇"前期所做的工作，针对初步规划方案中缺少文化元素等问题，请参会的专家出谋划策，提出宝贵意见。

邛崃市文化界知名人士傅尚志认为，规划方案中的主题应再明确些，脉络应再清晰些，建议取名叫"大汉文君园林"。要结合卧龙现状，充分考虑通过卓王孙府与邛酒文化联系起来，通过"绿道"与邛窑博物馆相连。陈瑞生认为，"汉城"这个名字需要再斟酌。对于文化支撑问题，对于汉文化，邛崃的资料是很多的，要从相关资料中去找，要以邛酒文化为主，以文君文化为辅，不能把文君文化全搬到卧龙，在建筑形式上要请教建筑专家，众多影视资料也可以借鉴。在规划方案中分区过于僵硬，花卉与建筑之间要有过渡，不要给人以拼装的感觉。

著名辞赋家、文君文化研究会常务理事傅军认为，现在邛崃卧龙镇规划方案基本结合了实际，框架合理，但也暴露出了功底不深、定位不准、思路不清等问题。一是定位问题，建议定位为"中国酒源·大汉酒城"。二是空间布局问题，设计方案布局呆板，没有充分利用好卧龙的资源。建议在规划方案中，对文化整体把握上需要深思熟虑，最好作专

卧龙镇研讨建设世界名酒酒庄小镇

为促进卧龙镇"世界名酒酒庄小镇"建设，将地方特色文化体现在小镇建设中，2012年3月29日，邛崃市社科联在卧龙镇组织开展了古镇漫话学术沙龙活动，即卧龙镇建设"世界名酒酒庄小镇"酒文化研讨会。大家围绕"卧龙镇'世界名酒酒庄小镇'规划建设中怎样体现特色文化"这一主题，纷纷发表自己的见解和看法，提出相关意见和建议，为推动卧龙镇科学规划建设出谋献策。本次学术沙龙由卧龙镇党委书记张萍主持，中共邛崃市委常委、政法委书记杨成伟，市委宣传部副部长陈庆，市社科联副主席魏东，文君文化研究会专家等20人参加。

题研究。

作家韩作成认为，策划方案有些杂乱。建议只提文君文化，一定要发掘本地文化，需要用功夫读邛崃的历史。卧龙的打造要考虑人们追求自然休闲方式的需求，不要弄太城市化的东西。

胡立嘉认为，整体打造有很大的弊病，最好是分开来开发。以邛酒文化为主要内容进行开发打造。定位一定考虑自己的特色，分区可以按文化内容来分区，以酒文化为主线，贯穿起其他的文化内容。并建议一定要原生态，太多的人工不好。总体上来讲，规划设计一定要有个性，要突出特色，突出酒文化，其他文化要结合酒文化，与酒文化结成有机整体。

陈炜认为，卧龙镇可以考虑建成酒类交易中心与节会举办地，要以酒文化作为招牌，带动其他文化。要剔除沙滩、教堂等不相关的东西，要在风格上统一，文化上统一。总体来说，卧龙镇总体定位应当是为邛酒文化与邛酒品牌推广服务的。

中共邛崃市委常委、政法委书记杨成伟现场听了各位老师的意见和建议，认为大家学识渊博，见地深刻，对邛崃的文化有着非常深厚扎实

的研究，表示谢意，认为这些意见和建议对调整规划设计方案非常有益。杨成伟书记还给大家介绍了邛崃市对卧龙镇的总体定位和发展思路。要求卧龙镇党委、政府和设计方结合大家的意见，调整规划设计方案，以后再听听各位的意见。

夹关镇如何打造特色文化镇乡

2012年11月15日，邛崃市社科联在夹关镇组织开展了"2012成都社会科学年度论坛"古镇漫话学术沙龙活动。此次沙龙活动邀请了邛崃知名文化界人士共二十余人参加。大家围绕"夹关镇如何打造特色文化镇乡"这一主题纷纷发表自己的见解和看法，提出相关意见和建议，为推动夹关镇科学规划建设出谋献策。沙龙活动由邛崃市社科联副主席魏东主持。

魏东介绍了参会的专家和领导，夹关镇党委书记吴成武介绍了夹关镇历史、民俗情况和建设"特色文化镇乡"的工作思路，针对夹关镇高跷文化、特色民俗的传承与发展、历史古迹的保护、当地相关产业带动等问题，请参会的专家出谋划策，提出宝贵意见。

邛崃市文化界知名人士傅尚志认为，夹关镇应积极申报"特色历史文化古镇"、"高跷之乡"。陈炽昌老师认为，一是夹关的高跷文化有群众基础，历史悠远。二是夹关镇还应该从保护河道、发展美食着手，大力发展相关产业。三是文化方面，夹关镇具备川西坝子的特色，夹关镇境内二龙山历史资料有很多，应对其进行抢救性保护。夹关镇的高跷文化有悠久的历史，要大力传承、加工，用原汁原味的历史文化来打动观众。作家韩作成认为，夹关镇在打造历史文化古镇上有很多优势，这些优势形成了独具特色的夹关镇，并建议收集资料，整理出书，系统介绍并集中展示夹关镇。著名辞赋家傅军老师认为，夹关镇有1800多年的历史，现在打造特色文化镇乡，很符合当前市政府提出的"363工作计划"，整合文化资源，以文化来带动经济。建议确定具体方案，一是大力发展文化旅游；二是大力发展高跷文化；三是大力发展美食文化；四是建议夹关镇改名"夹门关"并修建门坊。胡立嘉老师认为，促进夹关镇的发展落脚点应该是惠民，建议"几个一"：一套牌子、一套班子、一套书籍、一支队伍、一个基地等。

夹关镇党委书记吴成武听了大家的意见和建议，认为大家见地深刻，对夹关镇的文化有着非常深的研究，这些意见和建议对夹关镇的发展有着举足轻重的意义。夹关镇党委、政府将结合专家学者的意见，结合实际，制定出科学合理的夹关镇发展方案，并落到实处。

地域特色的古水陆码头文化等进行了有益的探讨。大家畅所欲言，理论联系实际，具体分析了水乡特色文化乡镇建设的重点、难点，为三道堰镇独具特色的滨河休闲旅游产业健康发展提出了很好的建设性意见。

首先，由三道堰特色文化街古堰社区支部书记江浩向与会人员作了"以城市经营理念为引领　依托优势资源突出特色街区建设的差异性"为题的打造三道堰镇"惠里"风情特色街建设现状的专题介绍。他就特色街区目前进展情况进行了深入分析，并提出了一些理念：

在项目构想上，通过"理性分析、找准问题、对症下药"的方式将群众致富增收作为项目的最终落脚点；在风格定位上，坚持"以水为脉、文化烘托、突出主题"的思路彰显水乡码头文化的差异性；在运作模式上，采取"政府主导、平台运营、业主参与"的城市经营理念予以实施；在营运策略上，采取"模式创新、统筹兼顾、共建共赢"的方式进行公司化运作和管理。

听完当地镇干部和企业代表发言，本土专家们纷纷争先发言。孙宗烈（三道堰镇人，本土文化专家，著有以三道堰为背景的袍哥传奇小说《码头》等）、陈志安（郫县本土文化专家、原郫县文化馆馆长）、吴华章（郫县文联秘书长）等为三道堰打造特色文化乡镇出谋划策。有了三道堰各特色点位的支撑，有了各级领导的支持，各级专家的支招，三道堰打造特色文化街，建设成为郫县乃至成都乡村旅游名片将指日可待。

郫县探讨打造地域特色文化乡镇

2012年11月30日，由成都市委宣传部和成都市社科联主办、郫县社科联和郫县三道堰镇人民政府承办的成都社会科学年度论坛科普活动"打造地域特色文化乡镇"学术沙龙，在独具特色的古蜀水乡休闲旅游新市镇郫县三道堰镇开展。三道堰镇领导班子成员、驻镇规划师和相关企业人员、郫县本土文化界名人等近20人参加沙龙。

沙龙由三道堰镇党委副书记李旭主持，按"一城两河三线"的发展思路，重点以培育亲水休闲、运动休闲等旅游产业为突破口，着力构建古蜀水乡旅游特色镇这一主题进行座谈，就三道堰旅游开发现状和以赛龙舟、抢鸭子、放河灯、歌舞表演、川剧座唱、书画展览等活动为主要内容的三道堰龙舟会，以及独具特色的水乡徽派建筑文化、特色体验活动、丰富的水资源、丰富的特色餐饮，以及充满传奇和

周易预测原理与方法

2012年2月11日，由成都市社科联、成都日报社主办，成都市易学研究会承办的"易学学术沙龙"活动在文殊坊花墙"成都生活馆"举行。沙龙由成都市易学研究会常务理事王能主持，会长皮天祥，名誉会长王世康，副会长刘宗炎、谢涛，副秘书长曾华秀，常务理事刘平、刘运林及学会会员、易学爱好者等共40余人参加了学术沙龙。

易学会会员樊彦呈继上次活动主讲《周易》"小成图"预测法后，这次又补充介绍了"小成图"预测年运的基本方法。现场还主持开展了有趣的射覆竞猜活动。副会长刘宗炎随手抓了一把瓜子放到桌子上，请与会者用自己擅长的各种预测方法推算瓜子颗数。大家八仙过海，各显神通，每个人将自己测算的结果写在纸上，答案收集起来后，谜底揭晓。测算准确的杨祚平老师还现场介绍了自己的分析方法和自己学习易学的心得，他强调易学的核心思维方式是"易者象也"，学习易学必须注重在符合逻辑的基础上进行灵活的取象，才能准确解读卦象的内涵。

六爻组组长潘冬认为，在当今社会，易学应与时俱进，与经济建设紧密结合，用所学的周易理论知识为广大人民群众服务，体现出周易这门学科的实用性。他还与大家分享了两个预测实例：

2011年2月24日，某人欲投资开办一家公司，但不知前置许可证能否办下来，前来请求测算。起得"水雷屯"卦变"水泽节"卦。根据卦象所表达的意思，可以进行如下分析：在这个卦爻模型中，象征证件的符号是"父母"，"父母"这个符号在卦中处于"月破"的不利状态，而且又与象征求测者本人的"世爻"相冲，是证件难以办下来，而且与求测者本人无缘的迹象。因此分析结果是很明确的，证件办不下来。根据求测者后来的反馈，许可证当时确实没有办下，过后一段时间又花了很多工夫，最终还是徒劳无功。

2011年12月31日，某银行客户经理想了解自己在本单位发展如何，起得"山地剥"卦。卦象显示，代表求测者本人的"世爻"处于"子孙旺相"的状态，说明求测者业务能力很强，是单位业务骨干，但"子孙"与象征领导的"官鬼"相克，说明在本单位干得不如意，发挥不出自己的能力，现在想辞职；卦外有爻与"世爻"相生，说明有单位外的一个朋友介绍去别的地方。求测者反映都属实，并后续反馈，他当月递交辞职申请，通过朋友介绍春节后去了另外一家银行。

从这两个实例可以看出，只要我们熟练地掌握了周易六爻的预测知识技法，抓住"易者象也"这个核心思维方式，在当今的社会经济生活中，是完全可以用来预测包括投资办证、职场选择等等经济类活动在内的各种生活内容的，同时也表明周易这本古书在当今社会体现出实用价值。

副会长谢涛介绍了自己经过认真思考，反复研究设计出的一种新型起卦方法。根据周易阴阳四象（老阴，少阳，少阴，老阳）原理，起卦时一次扔出六枚骰子，即可求出主卦和变卦，完美实现64x64种卦变。他详细介绍了骰子的制作方法，并进行了现场演示。这种简便快捷的起卦新方法引起了与会者的强烈兴趣，大家纷纷询问有关问题。

本次沙龙活动后，大家纷纷表示，对"易者象也"这个易学思维方式的核心原理有了更深入的认识。

学好普通话　提升对外交流技能

2012年11月28日，由县社科联、县团委共同举办的"蒲江县2012年青年干部普通话交流培训"活动在县文化艺术中心学术报告厅举行。活动围绕"丰富青年干部生活，提升对外交流技能"为主题，就如何学会普通话、学好普通话、正确使用普通话等进行了相互交流和培训学习。活动由县团委副书记何娟主持，邀请县知名青年主持人刘通进行普通话相关知识培训。全县各乡镇、县级各部门共100余名青年干部参加了活动。

此次活动以"成都2012社会科学年度论坛"为契机，旨在进一步加大普通话宣传推广力度，提升党政青年干部的综合素质和对外交流新形象，营造使用普通话的良好社会氛围。活动中，学员们就对外交流中普通话和地方语言的优劣势、学习普通话的重点难点等进行了发言、提问和交流。同时，师生互动，学员跟着老师对普通话的发音等进行鼻音、边音、绕口令发音练习，学习了普通话声、韵、调发音方法和技巧，并就本县地方语言的发音、用词开展了有针对性的纠正练习。此次培训，有效提升了蒲江县青年干部的对外交流技能，也为全县青年干部创造了相互交流、沟通、学习、提升自我的良好平台。

扬雄故里建言献策支真招

2012年11月29日，在扬雄故里郫县友爱镇农科村举办了一场以"一代大儒——扬雄"为主题的"成都社会科学年度论坛"科普活动。四川师范大学成都学院党委书记，郫县教育局、文联、社科联有关负责人，友爱镇党委、政府领导，友爱镇子云村、农科村干部和郫县致力于扬雄文化研究的本土专家孙宗烈、卫志中、刘宗林、周丽蓉等近20人参加了座谈。大家从扬雄对中国儒家学说的贡献，到扬雄在文学、语言学、历史学上的巨大成就以及扬雄的是是非非等方面，结合他坎坷人生经历和不幸遭遇，触及"扬子之儒"的思想骨髓，结合友爱镇AAAAA景区的打造，就如何全力发掘扬雄文化和川西民俗文化、丰富文化载体、传承文化脉络、增加文化厚度等方面，提出了切实可行的建议和意见。沙龙活动由友爱镇党委副书记马敏主持。

四川师范大学成都学院党委书记侯德础对大家的发言进行了总结，他希望郫县、友爱镇整理一下，先易后难，把打造扬雄故里一事做好。这是功德无量的事，也会提升新农村档次，对全面建设小康社会、促进精神文明建设有好处。并建议在以后的研讨中要围绕一个中心议题展开，使讨论更深入，尽快把论坛做大，联合高校专家，建言献策。

争做文化交流的使者

翻译是文化交流的使者。为了培育高水平翻译人才、推动我国翻译事业的进步、促进中外文化交流，2012年3月24日，由中国翻译协会、团中央学校部主办，成都翻译协会、四川语言桥信息技术有限公司以及西南交通大学承办，英国伦敦工商会考试局成都中心及普特英语听力网协办的中译杯第二届全国口译大赛（英语）川、云、贵、藏赛区复赛，在西南交大犀浦校区图书馆隆重举行。

此次为期一天的大赛作为第二届全国口译大赛（英语）西南赛区的收官战，是规格极高的一项专业学术类竞赛，因此也受到了各西南地区学校及社会各界的大力支持。大赛力邀西南交通大学外国语学院夏伟蓉教授、四川大学外国语学院院长任文教授、成都大学外国语学院院长黄鸣教授、美国EC Wise成都研发中心首席翻译穆丹、成都翻译协会理事长徐宗英教授、西南财经大学教师李砚颖、四川语言桥信息技术有限公司高级同声传译黄敬尧担任评委，其中夏伟蓉教授任评委会主席。同时，大赛还邀请到成都翻译协会秘书长孙光成教授、四川语言桥信息技术有限公司董事长朱宪超、普特英语听力网执行董事胡松、西南交通大学外国语学院党委副书记任新红副教授及西南交通大学外国语学院副院长王维民教授担任特邀嘉宾。

大赛伊始，主持人隆重介绍了到场评委和嘉宾，并对一天的赛程进行了简单介绍。8时30分，比赛正式开始。首先，评委会主席夏伟蓉教授代表全体评委庄严宣誓，承诺公正公平地对待每一位参赛选手，认真履行评委职责。随即大赛进入比赛环节。本次比赛同初赛规则基本一致，共分为两个环节，从四川、云南、贵州、西藏西南四省（区）选送的35名选手（其中9号选手因故弃权）将全部参加第一环节英译汉的比赛，第一环节结束后，按成绩取前18名进入下一轮进行汉译英翻译，最后按照两轮成绩总和决定选手最终排位。与此同时，公平起见，每一环节选手所翻译音频为相同一段，未参赛选手在指定地点候场，临场选手扣戴耳机以防提前听题。

由于参赛选手多，两个环节分别被安排在上午和下午。上午举行的是第一环节英译汉部分。这一环节所选取的是英国领导人在低碳政策与商机研讨会上关于气候变化的讲话片段，词汇涉及气候变化、国际政治及详细的时间、地理信息，知识面不可谓不广，要求词汇掌握不可谓不全面，尤其是音频中一句关于未来碳排放较少目标的论述由于句子长、从句多给选手制造了不小的麻烦。选手们在这一环节表现差异明显，有的选手信息不全、关键词错误、语序混乱甚至错换内容，但也有选手表现精彩、令人惊叹。下午1时30分，第二环节的比赛在图书馆1号报告厅如期举行。这一环节汉译英选取的语音材料是关于发展我国文化产业所面临的问题的一则阐述。区别于一般比赛使用的正式性、仪式性程度较高的汉语材料，这一次的翻译材料语言有较大的口语色彩和汉语文学色彩。不论是词语运用还是语句构成，都对译向第二语言造成了不小的难度，有不少选手就在斟酌用词的过程中遗落信息，甚至错翻信息，造成失分。但是依然有选手顶住压力，迎难而上，出色翻译。

比赛结果公布前，四川大学外国语学院任文院长对本次比赛进行了详细的点评和总结。她首先高度赞扬了选手们的精彩翻译，称选手们的表现给所有评委留下了深刻的印象。她指出本次比赛的音频主题关于全球气候变化与中国文化，对于我们来说并不陌生，但是这不代表翻译这样的内容轻而易举，相反，专业词汇、长难句和时间、地点、英文简写等无疑平添了翻译的难度。随后她具体分析了选手们的表现。她举例英译汉环节中一个始终没有选手能准确翻译的长句，说明选手在处理复杂信息时缺少灵活应变和拆分句子的能力。其实，或者即使不能准确翻译，也可以直接在译文中直接引用该简写，哪怕"无翻"和"零翻"，也不至于因为错翻而扣分。再比如汉译英环节中"断层"、"本土"这样的汉语常见词汇怎样在英语中找到合适的表达，数字翻译的准确性以及语速过快与过慢，部分选手衣着较随意等问题都充分反映了选手们还有很多不足。但同时，她也肯定了部分选手注意翻译过程中与评委和观众的眼神交流，从而展示自信面，增加印象分的做法，并提出了做翻译记录应使用硬皮笔记本这样的细节建议。总而言之，任文院长指出我们的选手还有许多需要改进的地方，还有很大的进步空间。最后，她衷心祝愿从本次比赛脱颖而出的2名选手能代表西南地区在全国比赛中取得优异成绩。

成都名城特色
新认识与新构建研究

为了深入贯彻落实党的十七届六中全会精神，振奋文化活力，形成内在优势，提升核心价值观念，提高成都综合竞争力，早日把成都建设成世界生态田园城市，作为具有4500多年文明史、2300多年建城史的文明成都，率先研究如何开展历史文化名城的保护与合理利用，具有重要的现实意义和深远的历史意义。

在《成都名城特色新认识与新构建研究》的基础上，相关课题组撰写了课题研究提纲，包括《成都市地名文化研究提纲》、《生态园林研究大纲》、《水文化研究提纲》等六个课题提纲。2012年3月31日，成都市城科会在建委大楼724室召开了相关专家对课题提纲的研讨会，集中专家意见，对课题提纲展开研讨，充实内容，发现问题，弥补不足，使提纲内容臻于完善，以减少和避免写作中出现的偏差，影响课题研究的高度和质量。

首先，讨论的是《非物质文化遗产保护研究提纲》。成都市非遗保护中心研究馆员郑时雍指出，非物质文化遗产保护研究，首先是摸清家底，对成都非遗进行档案整理归总管理，而更重要的是研究成都非遗文化融入城市建设的现状、机制和办法，以推动成都"非遗之都"建设。

接着，研讨《生态园林研究大纲》。原成都市园林局局长、高级工程师杨玉培指出，成都打造园林城市、森林城市，更多考虑的是交通、建筑，同时在挤压生态园林的空间，成都越来越达不到园林城市、森林城市的绿地率、绿化率的国家要求。同时，他还指出成都新的园林建设，也应该融入文化建设，园林应该是有文化底蕴的。

成都市水务局高级工程师陈渭忠谈《水文化研究提纲》。他指出，成都平原的水源，主要是由岷山流出的都江堰的水源，但是，成都市对都江堰水资源没有调配的权利，权利在省上。成都一定要有水危机的忧患意识。市规划院的专家认为，天府新区的规模规划，就是按照短板理论来设计的，即根据天府新区能有多大的水资源来规划的，在天府新区建设的公寓住宅，可以考虑安设两套水管，回收利用中水，以节约水资源，如在天府新区实施这种方案，需要政府立法。关于世界遗产都江堰景区，实际只光顾到渠首宝瓶口至鱼嘴部分，太窄小了，旅客观赏滞留时间太短。

根据多年来有关专家建议，都江堰景区还应包括和重点打造成都府河、南河二江的生态河流廊道，打造成都具有魅力的河流景观带。水文化研究还应包括古堰、古桥、古河道、古湖泊、古渡口等，在重要的古水文化遗址上，有的古堤需要梳理，有的可以重建，以继续发挥其灌溉、交通，或者旅游观光等功能。对水资源，一是要开源，二是要节流，珍惜用水，循环用水，三是要优化配置，进行用水调整。市社科院专家林成西指出，我们要研究都江堰与传统天府之国文化关系，即传统农业支撑城市发展问题。对水文化与现代化城市建设的关系需要重新认识，这些在理论上应该有个阐述。

课题组首席专家谭继和总结指出，成都水文化研究的问题，是要建立活水成都。在旧城，水系要优化；在新城，要水系立城。对都江堰世界遗产，现在只有堰首，成都也要学国内众多城市，对世界遗产进行延伸打造，具体是做好府河、南河二江的生态水文化建设，为旅游、为城市经济社会发展服务。都江堰给我们的启示是疏堵结合、天人合一；是上善若水、顺势而为、崇尚自然。这些启示也可用于城市建设和经济发展之中。按照四川"十二五"规划，要再造一个都江堰灌区，这个规划得到原四川省委书记杨汝岱的支持。我们的水文化研究要突出战略目标及可行性和可操作性，要明确方向，落实任务，制定措施，检查进度计划。九个方面的研究，从提纲上看，总的问题不大，相互之间担心出现的交叉问题也不大。要在2006年《成都城市特色塑造研究》基础上，起点要高，研究要有突破、创新，突出课题研究亮点。对名城神韵具有闪光点，课题项目定位对视觉具有冲击点。本课题研究，具有金点子创新性、理论先进性与实际操作性的特点。梳理名城建设中存在的问题，将从理论上加以探讨，并提出解决问题的相应政策和办法。课题研究有比较特色，课题研究项目利与弊的比较，不同学派观点的比较，与中外城市文化建设的比较等。本课题研究将给市委、市政府决策提供可具有操作性的建议、优化性的建议和忧患性建议三方面的建议。

会议还穿插进行了其他子课题的讨论。专家们发言踊跃，气氛热烈，提出了很多中肯的建设性建议，对课题内容进行了许多补充，对各课题组的展开研究打下了很好的基础。

"奇门遁甲"与现代生活

2012年4月8日，由成都市社科联、成都日报社主办，成都市易学研究会承办的"奇门遁甲与现代生活"专题易学学术沙龙在成都市退休职工活动中心举行。市易学研究会名誉会长王世廉、会长皮天祥、副会长刘宗炎、蒋益钦、副秘书长曾华秀、常务理事张继元、刘运林，理事杨祚平、陈泉璋、钟易源及学会会员、易学爱好者38人参加了学术沙龙。学术沙龙座谈会由常务理事王能主持，理事王天杰主讲。

刘宗炎副会长首先简单介绍了学会的新活动地点——成都市退休职工活动中心地处成都市中心城区，交通方便，场地宽敞安静，非常适合学会开展各种会务活动。

随后学会理事王天杰介绍了奇门遁甲这种古老的术数，并阐述了奇门遁甲在现代生活中的一些应用方法。根据古今图书集成记载，奇门遁甲起源于4600多年前轩辕黄帝大战蚩尤之时，由皇帝的大臣风后所创，用于指导行军打仗；后来经过周朝姜太公、黄石公老人，再传给张良，张良把它精简之后变成现在我们看到的奇门遁甲。在中国传统文化中，奇门遁甲以易经八卦为基础，结合星相历法、天文地理、八门九星、阴阳五行、三奇六仪等要素，应用面广，信息量大，是我国预测学中之集大成者、高层次的预测学，因此自古被称为"帝王之术"。历代许多政治家、军事

家以及现代企业家把奇门遁甲用于指导决策，成就了非凡的事业。奇门遁甲的长处，在于剖析事理透彻，运用适中的方法统筹一切，无论在生活上还是在工作中，奇门遁甲都有很高的实用价值，可以指导我们正确把握机遇、趋利避害。

奇门遁甲的演绎过程中，用八卦记载方位，用十天干隐其一，配九宫记载天象及地象之交错，用八门记载人事，用九星八神记载周遭的环境。有时间，有空间，充分表现出古人宇宙观的智慧。我们都知道人类的吉凶祸福与地球空间概念中的方向、日出日落、月圆月缺、春去秋来等自然现象息息相关。而日出日落春去秋来是宇宙星体随着时间变化的结果，相同的空间、方向，在不同的时间里，其意义是完全不同的。所以说奇门遁甲是宇宙宏观的学问，既有时间，又有空间的观念，是一种研究时空动力的超时代学问。因为奇门遁甲是一种时空交替的磁场表现，以前封建时代皇室用以调兵遣将出奇制胜。现在我们则用以推算和选择有利的时间和空间方位。当然，奇门遁甲产生于自然，因此，其理论功能不可能超出自然。人们如果想借用奇门达到自我欲望中超越自然规律的目的，是不可能实现的。而作为对自然的认识工具，存在一定的价值。

中国古代擅长运用奇门遁甲的圣贤大多数是治国平天下的军师，如姜太公、范蠡、张良、诸葛亮、刘伯温等。奇门遁甲在我国古代主要用于国事、兵法方面。当今社会多用于商业发展、市场经营、管理方面，往往获得奇效。在商场如战场的全球化时代，奇门遁甲是中国企业家独有的出奇制胜的秘笈。另外，奇门遁甲用时盘来占卜推算事情更是出神入化，快速又准确。如果研究的人能够掌握其中奥秘，使用起来那是神奇非凡。当然，除了以上叙述之外奇门遁甲还有很多其他用途，运用之妙，存乎一心。但这其中也带有一定的迷信成分。现代社会竞争激烈，人际复杂，我们生存在这个时代，要想脱颖而出，有所作为，除了自己不懈努力外，本身

的运气和行运方位，也是相当重要的，选择不同的方位，可以改变不同的人生方向。环顾我们的环境，拥挤的交通让人觉得危机四伏，出行失事、求职失意、投资失误、生意沉浮、考学迷惘、旅游出岔，种种的烦恼常困扰着我们。面对严酷的人生，需要有正确的分析、判断，而奇门遁甲正是配合时间、方位，改变人生逆境的学术，只要常走三奇吉门方位，不论在任何角落，都可借助良性的气场，发挥神奇的功效；即使在不利的情况下，也往往能作出明智的决定，扭转劣势。奇门遁甲的优势，在于剖析事理透彻，运用统筹方法指导诸如商海谈判。在预设的时空内，占据有利的方位，争取对方的认同或造成对方屈服于自己的意志之下，进而获得最大的利益和预期目标。只要我们把它意旨灵动的效应活用到现实生活上，进而开拓并掌握制胜关建的人生运程，那将是自我人生价值的升华，同时更具有对人类社会贡献的深远意义。

两位学者发言后，在座成员进行了热烈的讨论，也就一些奇门具体的应用事例进行了热烈的讨论，并交换了各自的观点与看法。最后副会长刘宗炎总结了会议的成果，鼓励大家用新的思维方式考虑易学与社会的发展进行易学课题研究。

发挥作协职能　繁荣文学创作

2012年8月14日，新津县社科联在南河南岸津味阁农家乐举行了学术沙龙。本次沙龙邀请新津县作家协会领导班子成员参与，主题是发挥县作协职能，繁荣地方文学创作。新津县作协成立比较迟，如何更好开展工作，提高新津文学创作水平，赶上兄弟区县，是当前作协的大事，也是县文联重点关心的大事。与会者积极发言，建言献策，围绕"请进来、走出去"，发挥组织职能，表达了很好的意见。

新津县作家协会成立于2012年5月，从大成都的区县来看，新津作协成立算是比较迟的，主要原因是新津文学创作队伍较为弱小，搭建一个协会比较困难，但这个问题在县文联成立后，在县委宣传部的直接关心下，在县文联的辅导下，新津的文学创作队伍出现了一些新的变化，一些新的成果开始产生。因此，在此背景下县作协应运而生。

新津文学爱好者有这样几个特点：水平参差不齐，多数同志热情高，有一定写作能力，但在观察生活、选择题材上却又严重不足，往往只能小打小闹，作品尚不能进入真正的文学层面。如果不能进一步提高，同志们的文学热情会渐渐降下来。因此作协的最基本职能是培训会员，提升其创作能力，这是目前作协最应该做的事。只有让多数同志进入文学之门，才会对文学产生持久的喜爱。如果只有个别不断出作品，那么这个协会就会逐渐萎缩，这是不利于地方文学事业发展的。具体培训活动应该多样，请作家尤其是名作家来新津讲课应该作为经常性的活动来开展。

写作这样的事，很多只能意会，但有经验的作家讲一讲，一些难以明白的道道会豁然贯通，比自己独立领悟要好得多。有些写作上的关窍，高人不提调，你可能永远不明白。新津文学爱好者多数的问题是，写作技术性问题还未过关，常常在处理题材时显得力不从心，也就是不专业，有幼稚感，老是给人一种晃荡在文学门外的感觉。比如有些喜欢写点小说的同志，写了很久，却还没有摸到门径。有的观念认为写作不能教，但最近一些专家认为，写作固有创作天才在里面，但写作的全部问题中有三分之二的内容可以教授，因此，如果我们请名家来讲座，如果大家认真学习领会，那么同志们的写作技巧会上一个台阶。

请名家或有丰富编辑经验的文学编辑看稿改稿，也是提高新津文学创作水品的一个最佳途径。名家会很快看出你创作的症结，会从整体到细部提出非常好的建议。原来大邑的作家栈桥的长篇《落魂桥》，全靠工人出版社资深编辑牛志强的指点。大家熟知的《红旗谱》，名编辑兼作家的肖也牧作了重大贡献。书中的一些细节原稿并不精彩，但经编辑指点，立刻神采焕然。像这些指点对作者非常有用，极有教益。

要发挥作协的组织职能，以作协的名义争取文联、社科联、新闻中心、文体局、宣传部的支持，让我们的会员深入生活。我们地处基层，而今日基层社会变化巨大，但真正反映基层生活的好作品却不多见，这给我们的会员提供了极大的发展空间，有许许多多绝佳的题材等待我们去发现，这是我们地处基层的好处。但我们是不是真的了解基层呢？因此，作协带领大家深入生活很有必要，毕竟组织的力量比我们单个人深入基层要好的多。

最近，成都、新津都在搞百姓故事会，这是我们作协会员搞创作的大好良机，也是我们作协会员锻炼文学创作的良机，作协应发挥组织职能，积极联系有关部门为会员提供创作机会，这比会员自己联系乡镇社区搞创作要便利有效。故事是文学的基础，我们不要小看它，故事写通了，一切叙事性的作品就会上一个层次。因此，我们作协一定要紧紧抓住百姓故事会的机会，多创作故事，多创作精品，提高新津县作协的整体水平。类似这种机会作协一定要上，

要想办法为会员争取写作机会。

群团协会要办好，经费是一大问题，具体办事的秘书长又是一大问题。秘书长要能干，也要有公心。因此，作协要出面，争取社会、争取有关领导机关的支持，可以打入政府文化服务的社会购买来获取资金。只要资金问题有所落实并逐年增长，那新津作协就会办好，否则只会一天天衰败，新津的好多民间协会就是这样的。作协千万要想办法克服资金的约束，因此当务之急就是筹资，使作协有活动下去的资本。

作协既然是一个重要的群团组织，会员之间的团结非常重要，只有团结才能产生整体的力量，这就需要作协的领导及班子成员要宽容公正，要容纳不同的意见。组织的力量是无穷的，只要积极发挥作协的职能，新津文学创作就会上一个台阶。

会议在祥和的氛围中进行，与会者兴致极高，表示愿意为新津文学事业贡献自己的绵薄之力。

"太乙神数"推演自然灾害的作用及意义

2012年8月12日，由成都市社科联、成都日报社主办，成都市易学研究会承办的专题易学学术沙龙在成都市退休职工活动中心举行。会长刘宗炎，副秘书长张琢衡、曾华秀、王能，常务理事杨祚平、刘运林、王天杰以及学会会员、易学爱好者35人参加了学术沙龙活动。座谈会由常务理事刘运林主持。常务理事钟义源主讲，简述太乙神数中"数"的应用，及用于推演自然灾害的作用及意义，共分五个专题进行分析介绍。

一、太乙神数与自然灾害

当今人类进入一个科技高速发展时代，从探索宇宙奥秘到探测月球火星等实践活动不断，全球信息网络时代的到来，中国神九宇宙飞船交会对接成功，标志我国科技水平上了一个新台阶。但是，全世界科技发展在自然灾害预报方面，仍显得十分无力。

我国是世界灾害最严重的国家之一，台风、暴雨（雪）、雷电、干旱、大风、冰雹、雾霾、沙尘暴等灾害时有发生，由气象灾害引发的滑坡、泥石流、山洪以及海洋灾害、生物灾害、森林草原火灾等也十分严重。

1976年7月28日3时42分河北唐山发生了7.8级地震，24万余人死亡，16万余人受伤。唐山地震之后事隔32年，2008年5月12日14时28分四川汶川发生了8.0级地震，释放的能量相当于几百颗原子弹，8万余人死亡，2万余人失踪，经济损失超过几千个亿。

现代科学技术经历了百年的发展，但还是没有能力提前预测出自然灾难。面对这样的事实不能不令人担忧：下一次人类的大灾难是否还要以同样的方式光临，而人类又全然不知？太乙神数是中国高层次预测学之一，可以用于推演分析国家重大政治事件、天灾人祸，研究地震、水灾、瘟疫、兵变等发展变化规律。不仅能测大事，也可运用于我们的日常生活中去趋吉避凶。当前，运用太乙神数中"数"的推演预测自然灾害有现实的作用及深远意义。

二、太乙神数"数"推演的基本原理

老子提出："道生一，一生二，二生三，三生万物。"太乙神数预测，是通过太

乙盘式，以数理为中心，以九宫八卦定位，在五行相生相克的机理上，推演分析天地运行的基本规律，预测自然灾害基本原理。

"万物皆数"。元朝晓山老人在《太乙统宗宝鑑》序文中写道："太乙理蕴于数之中，数显于理之外，主管三元，分佈四方。"太乙神数以"数"来显理，推演数理变化，分析太乙神数"数"运行的基本规律。

太乙神数预测是以数为中心基本原理，应用推演太乙盘式方法，分析预测事物的发展走势和所处的发展阶段。太乙神数指出：主算、客算、数得无天、无地、无人之算（数），均为天、地、人三才不全之算，或得五十五、二十五、三十五为杜塞无门之算，就会有大的自然灾害发生。

三、太乙神数推演应用的主要范围

推演自然灾害天变灾异，乃天地之神也，而知风雨、水旱、兵革之事。

推演国家重大政治事件，治乱兴替，国家政治变化气数及历史变化规律。

推演国家军事战争胜负问题，外来为客，本地为主，先举兵为客，后应者为主。

推演人生命运穷通，吉凶祸福，太乙命法是太乙术的一个组成部分，是以太乙为基础的推演方法，推演一个人一生命运穷通，吉凶祸福。

《巴蜀全书》佛教文献目录学术讨论

2012年4月28日，成都国学研究会专家团的成员弘学、段玉明、尹波、杨宗义、任杰、李恕豪等20位专家学者，聚会于三圣乡荷塘月色电影公社，对《巴蜀全书》这项国家重大委托项目和四川省重大委托项目中的《佛教文献》目录进行了学术讨论。沙龙由弘学老师主讲，他首先介绍了2012年4月颁印的《巴蜀全书》编纂规划（审议稿）拟选书目中佛教文献的概要，同时对整个目录进行隋、唐、五代、宋、元、明、清、民国历史时期的重要佛教文献进行了梳理，对文献所列的书目进行了补充。根据弘学老师的主题发言，大家一致通过了弘学老师建议的书目。同时，开始了热烈的讨论。段玉明教授认为，现在出版了一些大部头的佛教著述，其中有很多是川籍高僧大德在川外的著述，未入藏，这次可以补进选编，可以请学生寻查这部分书目。尹波教授认为，先选入藏的，以后可以单独立项申请续编，可以较长时期地将这一项工作继续下去。巴蜀书社社长段志洪认为，可以发挥巴蜀书社和弘学先生合作的路子，作者、编者、读者三者结合起来出版《巴蜀全书·佛教历史文献》。杨宗义编审和李恕豪教授表示，愿意做弘学老师的副手，协助编纂工作。

风水学与时间

2012年6月10日，由成都市社科联、成都日报社主办，成都市易学研究会承办的学术沙龙活动在成华区老年活动中心举行。会长皮天祥、常务副会长刘宗炎、副会长谢涛、副秘书长曾华秀等共计37人参加。

学术沙龙活动由常务理事刘运林主持，由张进奇老师主讲风水学与时间的关系——"零正催照与元运旺衰"。人们一般认为风水学的主要研究对象是"环境"，是"空间"，但张进奇老师认为，时间同样是风水学中不可忽略的重要元素，同样的空间环境由于时间的流转会表现出良性或恶性的不同作用，因此研究和应用风水学的人不可忽略时间的重要性。在玄空风水学中，时间的重要性得到了清晰的体现，具体内容即是"元运旺衰"和"零正催照"的应用。为了讲清楚"零正催照"和"元运旺衰"，张进奇从河图、洛书，三元九运划分，再到具体运用方法进行细致深入的讲解。

让国学故事 启迪后人

2012年4月29日，成都市国学研究会举行了"国学故事沙龙"。沙龙由蒲秀英会长主持，副会长雷鹏高、邹智敏，秘书长戴绍伟及专家团成员，共25人参加了本次沙龙。

蒲秀英概述了国学研究会向成都市社科联申报编撰国学故事，开展讲述故事的情况，作了拟组织编写古代名人有关孝道、勤奋、爱国、忠贞、礼仪、谦让等故事的主题发言，然后进行了商讨。

李恕豪教授认为，编撰国学故事要忠于史实，不要哗众取宠乱编杜撰，要通过国学故事给世人和后代一个真人真事的故事。

杨宗义编审认为，电影《赵氏孤儿》历史取材虽好，但编写的人违背了历史资料，创造一个偶然性来代替必然性，编撰国学故事，不要犯这样的低级错误。

扬州鉴真佛学院副院长李默也先生认为，历史上有很多留学的僧人，如法显、玄奘等的爱国精神，值得敬仰。这对很多留学生不愿报效祖国，贪图国外的优越条件是一个很好的教育。

计算机程序编制专家程克寒先生认为，除了将《弟子规故事讲析》编成动漫外，如唐诗中的故事、孔子的故事、孟子的故事、庄子的故事，都可以先汇编成小册后，再编动漫光碟。

弘学老师认为，韩非的寓言故事有很深的寓意也可编写成文，不但要编成小册，而且可以进社区去讲，可以开展以国学故事会友的方式，举办多种沙龙活动。

邹智敏和雷鹏高两位副会长表示，他们将在公益讲座之外，也相机插讲国学故事，把这一个活动经常性地展开起来，建议待社科联的经费落实后，搭建一个由蒲秀英会长领头的国学故事编撰小组和讲演小组。

何为副秘书长、唐维春理事表示，愿开展进社区讲国学故事活动的组织工作。

川大向以鲜教授认为：要世人和后代们勿忘国粹，编撰国学故事，方能达到这一目的。

"紫微斗数"与现代生活

2012年5月13日，由成都市社科联、成都日报社主办，成都市易学研究会承办的"紫微斗数的历史发展与现代人的命运"专题易学学术沙龙在成都市退休职工活动中心举行。名誉会长王世廉，会长皮天祥，副会长刘宗炎、谢涛、蒋益钦，副秘书长张琢衡、曾华秀，常务理事王能、刘运林，理事王天杰、骆锦和、钟易源及学会会员、易学爱好者35人参加了学术沙龙。学术沙龙座谈会由常务理事刘平主持，理事周涛老师担任主讲，详细介绍了紫微斗数的历史源流及用于命理分析的基本原理和方法。

紫微斗数是一种传统星命术，它是以紫微星为核心所组合成的不同层级的主次星群，象征社会生活的诸多因素，依据人的出生年、月、日、时排出对应社会生活各个方面（父母、兄弟、夫妻、子女、财运、官运、健康、人际交往、旅行、不动产、精神享受等）的十二宫命盘，系统全面地预测模拟描绘人一生的社会关系和个人命运际遇的预测星命书。名列"五大神数"之首，号称"天下第一神数"，盛行于港台和东南亚。

相传紫微斗数为五代末术数大家陈抟所创，也有民间传说认为是吕洞宾传给陈希夷，而陈希夷传给其子、孙及徒弟。在流传过程中，渐渐分为南北两派，北派三卷本紫微斗数后被道教典藉《续道藏》收录，南派四卷本《紫微斗数全书》直到明朝嘉靖年间，才由江西吉水的地理学家罗洪先刊刻流传，现在的《紫微斗数全书》皆为清同治刻版。

紫微斗数应用对象和方法是：1.根据人的出生年、月、日、时排布命盘，定出命宫所在宫位，象征命主本人的基本特征和状态，并以此为起点排列出十二宫：命宫、兄弟宫、夫妻宫、子女宫、财帛宫、疾厄宫、迁移宫、交友宫、事业宫、田宅宫、福德宫、父母宫。2.据命宫纳音的干支定出紫微星之所在宫，依据紫微星和天府星求出十四正星。再依据年、月、日、时可找出三十余颗主副杂星并将诸星填进十二宫之内。3.依据规则在十二宫定出大限、小限、斗君，以此作为推断一生中某个时间段或者某个流年吉凶祸福的定位依据。

与在大陆普遍流传的子平命理相比，紫微斗数这个预测模型的优点很明显：信息量大，涵盖了人生命运和社会生活的各个方面；信息定位清晰准确，容易找准切入点进行分析；信息直观，便于提取和解读。

常务理事刘平在学术沙龙活动上分享了命理预测的几个精彩案例，引起了热烈的讨论。

让《讲话》精神服务"五区"建设

2012年5月23日,青白江区纪念毛泽东《在延安文艺座谈会上的讲话》发表70周年座谈会暨青白江文艺创作学术沙龙活动在区文化馆成功举办。区委宣传部、教育局、文体广新局、新闻中心、社科联、文联、文化馆分管领导,区内各文学艺术团体代表,社会文艺界人士40余人参加了活动。区委常委、宣传部长向进,区政府副区长白涛出席了座谈会并讲话。

与会人员结合《讲话》的主要内容和主旨思想,分别就文艺创作的源泉、文艺服务的对象、青白江城市文化特质及"文化发展特色区"建设等方面进行了交流发言,提出了许多独到见解和有益的意见和建议。

区政府副区长白涛作了重要讲话,并表示将采纳与会人员的合理建议,积极为广大人民群众提供优质的文化服务,为广大文艺界人士多出作品、多出精品提供各种便利,为文艺界优秀人才提供各种保障,吸引人才、留住人才。

区委常委、宣传部长向进就如何在新的历史条件下,学习贯彻《讲话》精神,提出了三点要求:一是学习领会《讲话》精神,要进一步增强文化自觉。《讲话》第一次系统阐述了党的文艺观,第一次明确表明了文艺工作的基本方针,第一次科学地回答了文艺创作与批评中的一系列重大问题。文艺工作者要深刻认识我们党对文化建设既一脉相承又与时俱进的战略部署和方针政策,进一步强化文化自觉,更加积极主动地承担起建设文化强市、建设文化发展特色区的历史重任,努力实现文化与经济、政治、社会建设以及生态文明建设共同推进、协调发展。二是要努力解决好"为谁服务"的问题,进一步增强文化自信。《讲话》为当时的广大文艺工作者的文艺创作指明了方向。学习贯彻《讲话》精神,就应当始终牢记把为人民服务作为我们的根本宗旨。写什么、怎么写,都应当以人民群众接不接受、喜不喜欢为标准。要坚持"二为方向"、"双百方针"和"三贴近"原则,弘扬"走、转、改"精神,努力创作出"源于生活、高于生活"的有影响力的文艺作品,不断增强文化自信,为推进"五区"建设呐喊助威,添力加劲,切实体现"为人民服务"的根本宗旨。三是要努力解决好"怎样服务"的问题,进一步推动文化自强。《讲话》强调文艺工作者要深入生活、深入群众,党的十七届六中全会要求为人民群众"提供个性化、分众化的文化产品和服务"。学习贯彻《讲话》精神,应当正确处理普及与提高关系,着眼于努力满足最广大人民群众日益增长的精神文化需求,着力推进公共文化事业与文化产业同发展、共繁荣。正确引导文化产品创作生产,着力推出一批思想性、艺术性、观赏性相统一,社会效益、经济效益相统一的文艺精品。要深入"五区"建设的火热生活,"联系群众,表现群众",在引导、推动"百姓故事会"、"全民太极拳"等文化普及活动中服务群众、提高自己,奉献更多的精品力作,谱写更美好的时代新篇。

特色文化打造镇域文化品牌

2012年6月10日,郫县团结镇党政办、文化站组织全镇文学创作人员、各文艺团队长和各村(社区)文化管理工作人员,在郫县新农村建设示范村唐昌镇战旗村,举办了"成都学术沙龙"——用特色文化打造镇域文化品牌群众文化研讨会。会上收到研讨文章和创作作品3篇,大家就用特色文化打造镇域文化品牌展开了讨论,积极推荐和组织创作理论实践作品,从而在全镇掀起一股创作热潮。

宝光文化旅游区"3+"模式构想

2012年11月30日，新都区社科联、区民宗局和宝光寺举行学术沙龙活动，结合宝光寺文化旅游品牌推广战略，对宝光文化旅游区"3+"模式带动战略构想进行了热烈讨论。

新都区民宗局办公室主任王芳颖认为，按照"保护传统、引进时尚"有机结合的思路，我们正在探索利用现代信息技术弘扬宝光先进文化。目前，正在与入驻天津市国家动漫园的"中国动漫深度整合营销专家"华漫兄弟互动娱乐有限公司以及中青旅、北京出版社、美亚娱乐等洽谈合作。拟以一休禅师到访、宝光禅茶茶道、镇寺三宝（舍利子、贝叶经、优昙花）等为题材打造"文化+动漫+旅游"相融合"3+"模式的旅游文化综合体项目，结合宝光片区改造，开展动漫创作、生产、营销、衍生产品开发、培训、动漫主题公园等动漫全产业链运营，为传承宝光寺优秀文化，推动现代城市发展提供强力支点。

宝光寺崇法法师认为，按照《新都区关于切实加强宝光寺文物保护工作的方案》把握时间节点，我们要进一步深化文物保护工作，全面完成文物清理和鉴定工作，完成《宝光之宝》系列文化丛书初稿，认真组织实施宝光寺消防工程，切实提升宝光寺古建筑群的防火、防灾能力。

新都区社科联秘书长张惠蓉认为，新都建制于春秋末期，有着悠久灿烂的历史文化。新都区第十三次党代会将打造传承创新、独具魅力的"文化名区"作为全区经济社会发展的重点工作和奋斗目标。新都区将充分弘扬宝光寺优秀文化，围绕"文化名区"奋斗目标，重点开展以下四个方面的工作：一是以创建全国文明城市为契机，深入开展"忠诚新都、奉献新都"主题活动，塑造提升新都精神，打牢全区人民团结奋斗的思想基础。二是以创建国家公共文化服务示范区为抓手，以"百姓故事会·新都龙门阵"、"快乐周末·百姓舞台"等群众活动为载体，开展群众广泛参与、健康向上、喜闻乐见的文化活动，打造群众文化活动品牌。三是以加快现代化和国际化进程为己任，策划系列节会活动，全面提升新都的知名度和影响力。四是以加快文化创意产业发展为重点，引进文化产业项目，深化研发合作，传承历史文脉，扩大文化消费和对外交流，发挥文化产业增长极和主力军作用。

挖掘易经文化　　建设生态文明

2012年12月9日，由中共成都市委宣传部、成都市社科联主办，成都市易学研究会承办的"成都社会科学年度论坛"科普活动在成都市退休职工活动中心举行。成都市易学研究会会长刘宗炎，名誉会长王世廉，副会长谢涛，副秘书长曾华秀、王能，常务理事刘运林、王天杰，理事毛艳秋及学会会员、易学爱好者共25人参加了科普活动。会议由常务理事王天杰主持，常务理事钟义源主讲，主题是《易经》中的自然生态文明与可持续发展。

钟义源老师紧扣党的十八大精神，结合《易经》中的自然生态文明加以论述。论述分为三个专题进行展开，即《易经》是中华文化大道之源；《易经》论述天人合一自然生态文明；尊重自然、顺应自然、保护自然，推进生态文明建设。他认为，党的十八大前所未有地强调生态文明建设，对中国以及全球实现可持续发展意义重大。我们要古为今用，弘扬中华民族优秀文化中的环保思想，从源头上扭转生态环境恶化趋势，为人民创造良好生产生活环境。

和影响。环境包括自然环境、人文环境、社会环境。而奇门遁甲这种术数就是古人设计出来用以把握人与环境的相互关系的。借助《奇门遁甲》这个术数模型，可以分析和把握客观环境的存在状态和演变趋势，作出有利的选择。

王天杰先生简要介绍了奇门遁甲的基本组成要素，包括八门、八神、九星、九宫、格局等。奇门遁甲设置这些基本符号，用于类比和象征各种不同特点的时间、空间、人物、事件、物品。借助这些符号的不同组合，可以对一个比较复杂的环境进行大略的描述，从而让预测者对外界环境进行趋势性的判断，并得到趋吉避凶的指导。这种建立合乎理性和逻辑的预测模型来进行分析判断的做法，体现了中国古人试图掌握外界事物发展趋势的努力，而不是迷信鬼神，冀图从神灵那里得到虚无缥缈的启示，这种做法是相当具有科学精神的。

随后王天杰根据奇门遁甲结合实例具体讲解了奇门在生活中的运

"奇门遁甲"与人文环境

2012年9月9日，由成都市社科联、成都日报社主办，成都市易学研究会承办的易学学术沙龙活动在成都市退休职工活动中心举行。常务理事钟易源主持沙龙，常务理事王天杰主讲"奇门遁甲与人文环境"。名誉会长皮天祥，会长刘宗炎，副会长谢涛、蒋益钦，副秘书长曾华秀、王能，常务理事刘运林，及学会会员、易学爱好者等共33人参加了学术沙龙。

王天杰先生阐述了人文环境与奇门遁甲的关系。他认为，人类社会的各种活动都离不开"人本"思想。"以人为本，物为我用"，这是中华民族几千年灿烂文化的精髓。"人本"思想涉及社会各个领域，大到政治、经济、军事，小到人们日常生活的穿衣、吃饭、出行，无所不包，无不以"人"为主体，无不围绕着"人"的核心价值观来展开。它包含两个方面的内容，一是人自身的发展趋势，另一方面是外界环境的干扰

用，如：选房装修、求学考试、工作就业、地理环境、爱情婚姻等等。内容丰富而生动有趣，让大家听得津津有味，都希望王老师下次带来更精彩的内容，供大家学习研讨。

最后，常务理事钟易源老师做了总结讲话，认为活动开展得很成功，充分激发了大家对《奇门遁甲》学习的热情。

"小成图"的运用方法和分析思路

2012年7月8日，由成都市社科联、成都日报社主办，成都市易学研究会承办的易学学术沙龙活动在成都市退休职工活动中心举行，由副秘书长王能主持。会长皮天祥，名誉会长王世廉，常务副会长刘宗炎，副会长谢涛，副秘书长曾华秀，常务理事刘平、刘运林及学会会员、易学爱好者等30余人参加了学术沙龙。

名誉会长王世廉先生宣布了学会法人代表和会长人选的变更事宜。原会长皮天祥由于年龄原因和出于培养新的领导班子的考虑，决定不再担任会长，经学会常务理事会研究决定，由原常务副会长刘宗炎接任成都市易学研究会会长职务并兼任法人代表，该变更已经上报市社科联和民政局并已获得批准生效。随后，皮天祥先生发表了热情洋溢的讲话，回顾了成都市易学研究会自1993年成立以来各个时期的发展情况，讲述了学会坚持推进易学研究和发展的光荣历程，并寄望于新领导班子带领学会将各项工作做得更好，将易学会老前辈的无私奉献精神传承下去。与会者以热烈的掌声向老会长表示衷心的感谢。然后，新任会长和法人代表刘宗炎先生表示了要勇挑重担、继续把学会工作做好的决心和信心。

易学会会员樊彦呈上次活动主讲《周易》"小成图"预测法后，获得了大家的广泛好评，引起大家对"小成图"的广泛关注，所以本次沙龙活动安排会员雷念主讲"小成图运用与分析"，着重讨论小成图在基本运用上的方法和思路。他结合自身的学习经历，讲述了小成图在生活中的实际运用方法和分析思路。

雷念为与会者准备了详实的讲课资料，并结合资料深入讲解了小成图预测术的定位方法（取用神）、吉凶判断（辟阖往来）、三种推导方法（正推、旁推、触类）、二分法、三分法和应期判断方法。讲解有条不紊，逻辑清楚，让大家都深感受益。

他还与大家分享了两个预测实例——

1. 网友问：我手刚才受伤了，谁来测一下，我哪个手受的伤，手上哪个地方受的伤，怎么受的伤！分析：来意定位于坎宫，上见离，离为火为热，故为烫伤；离宫见巽卦，用二分法可知，巽为阴卦，为右手；巽宫为离，离为中指。因此总体判断：右手中指烫伤。后网友反馈：右手中指指肚烫伤。预测准确。

2. 求测者问：这个卦看团拜会获第几名？奖品是什么？分析：团体为众人，定位于坤宫，坤宫见兑，兑天地数为4，因此很可能得第四名；兑宫落离，断为电子产品；离宫落巽，巽宫落离落定。卦象有离为火为热，有巽为风。综合判断为电吹风，颜色为红色或者白色。后求测者反馈：确实获得第四名，奖品是电吹风，主色为白色，带红色。

两个精彩的预测实例让与会者大开眼界，对"易者象也"的预测原理有了更加深入的认识，同时也真切地感受到，"小成图"确实是一种简洁而信息量大的预测方法，值得深入学习和研究。

副秘书长王能、常务理事刘平、刘运林对讲解进行了点评，并发表了意见。他们高度评价雷念的讲座，并认为，雷念作为一名年轻的易学爱好者，在易学会的浓厚易学氛围中不辍自学，在较短时间内取得了很大的进步，预测分析水平显著提高，充分说明了易学会的工作是行之有效的，也生动地体现了由市社科联和成都日报社主办的成都学术沙龙活动在普及推广社会科学知识，促进文化繁荣方面的积极作用。

最后刘宗炎会长发言，阐明了学会后期工作方向和思路，在成都市社科联的领导下，努力研究和发展中华传统优秀文化，为创建和谐社会尽一份力量。

2012年10月14日，由成都市社科联、成都日报社主办，成都市易学研究会承办的易学学术沙龙活动在成都市退休职工活动中心举行。易学研究会副秘书长王能主持沙龙，会长刘宗炎，副秘书长曾华秀，常务理事钟易源、刘平、刘运林及学会会员、易学爱好者等共26人参加了学术沙龙活动。本次活动由刘运林主讲，主题是易经的定义和易学的主要思想。

易经与易学

刘运林先生认为，历史上对易经的定义大致有两种观点，一种观点认为，易经是古代巫师与神灵对话的记录；另一种观点则认为，易经是先贤圣人总结人类历史智慧的结晶。从古人笃信神灵到今人对神灵若有若无的膜拜这些世俗观念来看，"易经是古代巫师与神灵对话的记录"这种说法也体现了人类有史以来一直固有的一种根深蒂固的认识，我们不应该，也无法断然否定它。而"易经是先贤圣人总结人类历史智慧的结晶"这种说法，则为理性的现代人普遍认可。

那么到底什么是"易"？《周易》这部书给自己下的定义是怎样的呢？《周易》主要的哲学思想都包含在《易传》中，这部分文字被公认为是孔子及其弟子研究易经的理论总结，集中体现了关于易经和易学的核心理论和观点。《易传》中有如下论述："生生之谓易"、"易以道阴阳"、"易者象也"，这充分说明，易学本质上是研究世间万事万物运动变化规律的一门学问，其研究对象是一切的规律，而研究方法是"类比取象"。

孔子之后的历代学者也在不断为易学添砖加瓦，用自己的思想丰富易学的内涵，扩展易学的外延和应用范围。其中意义最为重大的是东汉郑玄提出的"三易"之说，即所谓"变易、不易、简易"。"变易"说的是变化的绝对性，时间、空间、物质都处于不断的运动变化之中，永无休止，正如西方哲人所说的，人不可能两次踏入同一条河流；"不易"强调规律自身的相对稳定性，只要规律存在的前提没有破坏，规律就会持续不断地发挥作用，不会改变，只要太阳系得以存在，地日关系没有根本性变化，地球上的寒来暑往就会年复一年地持续下去；"简易"则提示了规律并不是虚无缥缈的东西，我们可以用"类比取象"的思维方法进行有效的认识和把握，就像周易预测学经典"黄金策"中所说"阴阳动静反复迁变，虽万象之纷纭，须一理而融贯"。

从"三易"之说，我们可以清楚地认识到"事物是运动变化的"、"规律是客观存在的"、"规律是可以认识的"，这些易学的核心思想跟辩证唯物主义对于物质和规律的认识，其实是不谋而合的。刘运林举出部分实例和大家共同探讨学习，帮助大家对易经基本思想和运用方法有了更深刻的理解，明白了易学确实无时无刻不存在于我们的生活中，确实是"百姓日用而不知"。随后各位会员纷纷发表自己的见解，大家都认为通过学习易学的基本原理，让自己对易学的认识得到了深化和提高。

毛泽东诗词的革命现实主义和浪漫主义研究

2012年10月18日，成都毛泽东诗词研究会在荷花池街道办事处西三巷社区会议室组织了一次沙龙，进行了一次诗词创作艺术方法的专题讲座和学习讨论，参加人数16人。

成都毛泽东诗词研究会原副会长、成都军区战旗文工团原副政委郭诚对毛泽东诗词的革命现实主义和浪漫主义作了深入全面的专题讲解，使到会人员对诗词创作艺术方法有了深刻的认识和了解，激发了大家的创作热情。

毛泽东在诗论中指出："中国诗的出路恐怕是两条，第一条是民歌，第二条是古典，这两方面都提倡学习，结果产生一个新诗。"同时强调，"形式是民族的形式，内容应该是现实主义与浪漫主义的对立统一。"

郭诚阐述了毛泽东诗论的内涵，他指出，毛泽东的光辉诗词充满了革命的现实主义和浪漫主义，是一部中国共产党领导全国人民进行无产阶级革命的壮丽史诗，反映和记述了中国革命和建设的战斗历程。引用爱因斯坦的话："想象力比知识更重要，艺术的想象力往往会刺激科学所必需的创造力。"我们是唯物论者，一切从实际出发。因此，我们的文艺要反映生活，必然要体现现实精神。我们又信奉辩证法，认为一切事物都在不断地运动变化，都有发生、发展和消亡的过程。因此，我们用发展的眼光看问题，总是为自己的理想抱负而奋斗，必然会充满着革命的浪漫精神。没有浪漫精神的现实主义，会成为庸俗的自然主义；而没有现实精神的浪漫主义，又会成为胡思乱想的神秘主义。

毛泽东倡导革命的现实主义和浪漫主义相结合的创作精神，他的诗词就是典范，是中国革命和建设的史诗，又充满了神奇瑰丽，一般人很难达到其想象和意境。这方面更能体现出他的诗词的特点。

物质的存在形式是时间和空间，同样毛泽东丰富的浪漫主义想象在时空中表现得也最突出。毛泽东诗词运用了许多神话传说，使空间无限扩大，更能体现浪漫主义精神。最突出的就是他的词《蝶恋花·答李淑一》，这首词写得潇洒自如，最后在欢乐中结束。时间飞速逝去，永不回返。生命的短促与宇宙的永恒，成为古今中外诗人共同慨叹的对象，大都是悲伤的痛苦的。毛泽东有着坚定的共产主义信念，因此，和一般诗人哀叹韶华易逝白发悲秋相反，深信时间是属于我们的，革命一定会胜利。他用"一唱雄鸡天下白"，歌颂革命的胜利来之不易。他用"钟山风雨起苍黄"，"天翻地覆慨而慷"，"天若有情天亦老，人间正道是沧桑"，歌颂几十年革命战争的胜利。

郭诚还讲述了毛泽东的革命乐观主义精神。革命队伍总是从无到有、从小到

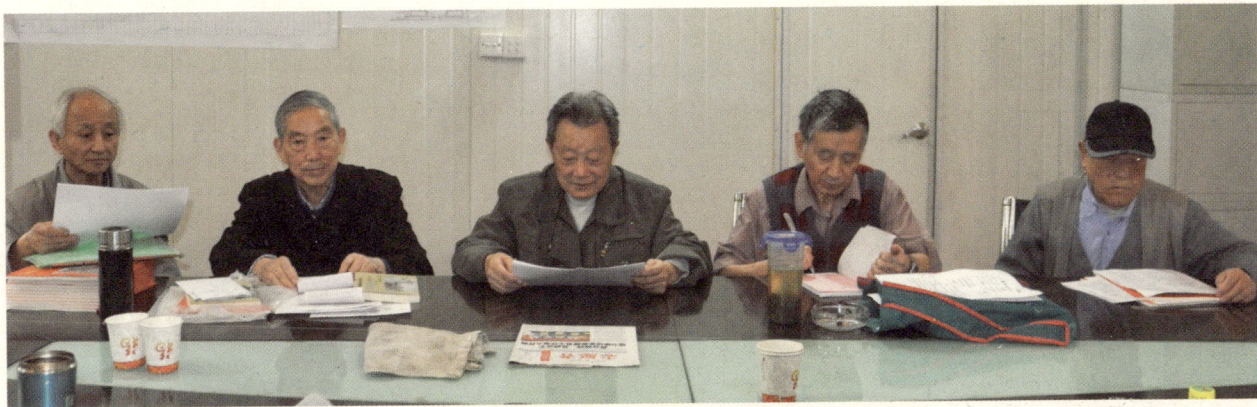

湖。神女应无恙，当惊世界殊"是多么奇妙的想象，也洋溢着自豪感。"起宏图"是充满自信心的中华人民共和国的歌颂，那巫山神女会激动地惊呼，祖国确实大步前进了。

学习讨论毛泽东《蝶恋花·答李淑一》一词中，大家认识到毛泽东用形象思维，一句劝解安慰的话不说，一点革命大道理不讲，只是通过奇特瑰丽的幻想和巧妙严谨的结构，用艺术形象娓娓动听地讲述忠魂在天上如何兴奋潇洒，安慰、劝解李淑一，这是何等的浪漫。

大，总是要经历各种艰难和挫折。掌握了辩证唯物论和历史唯物论的革命者，不论遇到什么样的残酷挫折，都认为困难挫折是暂时的，深信革命一定会胜利。井冈山时，有些人怀疑"红旗到底打得多久"，毛泽东坚定地回答"星星之火，可以燎原"。

大家围绕主题，认真、热烈研讨，取得了较好效果。

大家深刻全面了解毛泽东倡导的革命现实主义和浪漫主义的内涵，要运用这种艺术方法去创作诗词。大家深刻认识到，历史是人民创造的，诗词要反映现实，反映人民大众的情感，反映时代的心声，这不只是社会主义文学艺术的必然要求，也是历史经验的总结。诗词源于生活，更要高于生活，反映时代的脉搏和主旋律。一切艺术都离不开现实主义和浪漫主义的统一。毛泽东主张"诗要有神奇的想象，奇妙的构思"，要寄托诗人的情思和理想，从而陶冶人们的情操，净化人们的心灵，促使人们对美好生活的追求，鼓励人们为现实美好理想而奋斗。

毛泽东的《水调歌头·游泳》和《蝶恋花·答李淑一》这两首词，是现实主义和浪漫主义相结合的典范。会上，大家对这两首词进行了认真学习和研讨，深受启发。毛泽东在《水调歌头·游泳》中"一桥飞架南北，天堑变通途。更立西江石壁，截断巫山云雨，高峡出平

通过这次沙龙的学习讨论，大家一致表示，我们处在伟大的变革时代，一定要用革命的现实主义和浪漫主义相结合的艺术方法创作诗词，牢固树立历史是人民创造的观点，坚持以人民为中心的导向，热情讴歌改革开放和社会主义现代化建设的伟大实践。把学术探索和艺术创作融入现实中华民族伟大复兴事业之中，弘扬祖国优秀传统文化，使之成为新时代鼓舞人民前进的精神力量。大家从诗词创作理论到创作艺术方法都有很大提高，收获很大。决心把沙龙办得更好，创作出反映时代精神、又富有崇高理想的诗词作品，为成都建设文化之都作出新的贡献。

易者象也

2012年11月11日，由成都市社科联、成都日报社主办，成都市易学研究会承办的"成都市易学研究会成都2012年度论坛"在成都市退休职工活动中心举行。论坛由常务理事钟易源主持，会长刘宗炎，副秘书长曾华秀，常务理事刘平、刘运林及学会会员、易学爱好者共22人参加了活动。论坛由副会长、秘书长谢涛老师主讲，以"易者象也"为题，阐述了易学术数的核心理论基础和基本的应用原则。

首先从"易"字入手，通过比较日月并排的"明"字，挖掘出古人造"易"字的本义。"易"字日上月下，是对日升月落，昼夜交替现象的直观描述，古人用这个字来命名易学，充分说明易学就是研究人类生存的这个世界的主要现象和规律的一门学问。然后进一步阐述了什么是"象"。

谢涛先生接着列举了八卦、四柱、奇门、六壬、手相、面相、姓名学等各种术数的常用模型，指出这些模型的共同点是，都包含有"天地人"这个基本框架。随后谢涛先生以"离卦"为例，具体分析了如何从三才和阴阳这两个基本思路入手学习卦的涵义，详解了为什么"离为火，为日，为电，为中女，为甲胄，为戈兵，其于人也为大腹。为乾卦，为鳖，为蟹，为蠃，为蚌，为龟，其于木也，为科上槁。"

并举了一些图形让大家共同思考，这些图形可以用哪些卦象来进行描述。经过一番热烈的讨论，大家真切地认识到，对同一个形象，观察的出发点不同，得出的卦象也不同，有"横看成岭侧成峰"的感觉，进而领会到，对卦义的把握不能脱离具体的环境和观察的角度，而且必须摆脱文字的干扰。

谢涛先生总结了进行卦象分析的几个要点：第一，排除文字的干扰，将卦名、卦爻辞等抛到一边，据象断事；第二，围绕主题进行分析，排除不相干的卦象干扰；第三，进行符合逻辑和情理的象数分析；第四，象断事体，数定吉凶，理推根源。最后谢涛先生用几个卦例演示了具体分析卦象的步骤和方法。告诉大家如何脱离文字注解，直接从卦爻符号提取最直接的信息。

讲座结束，掌声经久不息。大家都觉得这次论坛让自己受益匪浅，耳目一新，对易学的基本原理和应用方法有了更加深入的认识，都希望以后有机会听到更多这种高水平的讲座。

望江楼公园话薛涛

2012年11月22日，成都市薛涛研究会在望江楼公园举办了"巴蜀第一才女——薛涛的人品与气节"研究科普活动。此次活动由成都市委宣传部和成都市社科联主办，成都市薛涛研究会和成都市望江楼公园联合承办，本会会员、望江楼公园工作人员和四川大学锦城学院文学与传媒系文化产业研究所师生等共10余人参加了此次科普活动。薛涛研究会秘书长、望江楼公园书记戚凤华女士向四川大学锦城学院师生的到来表示了热烈欢迎，并对此次活动的缘由与目的作了介绍。接着，本会副秘书长汪辉秀女士生动详细地向大家讲述了巴蜀第一才女薛涛的详细情况，从其生平、政治才能与人品气节三个方面展现出这位"巴蜀第一才女"传奇的一生，其中对薛涛诗作进行的引用与分析，更是展示出其高尚的品行。讲述的内容主要包括五个部分：一是薛涛生活的历史背景；二是薛涛才思敏捷，年少聪慧；三是薛涛文采风流，多才多艺；四是薛涛托物言志，追求高尚的品节；五是薛涛忧国忧民的爱国情怀。汪副秘书长的精彩演说得到四川大学锦城学院与会师生的一致好评。他们表示，以前到望江楼公园，只知山水，不知人文，对望江楼、薛涛、薛涛井和薛涛笺的认识都很肤浅，今天听了讲座，才知道薛涛是如此伟大的女性，是我们成都人的骄傲，不愧为巴蜀第一才女。以后到望江楼公园参观就更有看头了。此次科普活动对宣传巴蜀第一才女薛涛起到了积极的推动作用，有利于提升望江楼公园和薛涛研究会的知名度和美誉度。

历史文化品牌保护与发展

2012年11月16日，市品联办、市工商学会召开成都市历史文化品牌保护专家咨询会，专题研究成都市历史文化公共品牌保护工作。成都市品牌专家服务团张丽君、李在民、何斌、刘晓斌、李加锋等专家和文化、旅游、工商部门承办处室负责人参加会议。市工商局执法局局长、市品联办副主任黄生出席会议并讲话。

会上，历史文化领域的专家们就成都历史文化公共品牌发展之路进行了探讨和谋划。专家们深入剖析成都市历史文化公共品牌保护建设领域存在的主要问题和薄弱环节，为找准历史文化公共品牌保护的着力点和进一步完善历史文化公共品牌保护规划指明了方向。

最后，黄生指出，一要界定好历史文化公共品牌。要把历史文化公共品牌的界定放在工作的首位，从历史传承、现实需要和未来发展出发，专题研讨、准确定位其概念和范围，从而明确工作方向。二要梳理好历史文化公共品牌。要坚持"政府主导"原则，条块结合推进历史文化公共品牌的梳理工作。三要保护和运用好历史文化公共品牌。要明确市场主体，并建立公共品牌流通机制，实行立体保护，综合利用，才能实现历史文化公共品牌的最大价值。

社区主题文化建设

社区文化建设是和谐社区建设的重要内容，尤其在当今人们对于物质指向较为明确而一些人们精神指向相对迷离甚至缺位的情况下，构建好社区文化这一平台，用社会主义核心价值体系启迪和引导人们树立正确的思想观念，显得十分重要。青羊区历史文化悠久，如何依托社区的传统文化优势，指导居民共同创造出自己独有的文化，从而影响居民的思想观念、道德情操、行为方式以及人格理想，无疑具有重大的意义。

青羊区社科联邀请市社科院领导、专家及西南财大教授，在区八宝社区图书室，与区社区教育学院、区文化馆、区图书馆、同德社区、八宝社区等基层社区文化工作者及社区居民共同畅谈社区主题文化建设。

座谈由区社科联主席冯照援主持。围绕好的社区文化对构建和谐社区的作用，有利于塑造美好的共同愿景，增强引导力；有利于塑造融洽的邻里关系，增强沟通力；有利于塑造稳定的社会环境，增强凝聚力；有利于塑造居民的内在热情，增强创造力等问题交流座谈。沙龙活动还同时通过腾讯官方微博进行了"微直播"。

探讨产业发展●服务地方经济

文化产业园区可持续发展

2012年4月11日，由成都市社科联、中共成都市委党校和成都日报社联合主办，市党校系统邓小平理论研究会承办的主题为"文化产业园区可持续发展理论研讨会"的成都学术沙龙活动在成都市锦江创意产业商务区博瑞创意（成都）大厦举行。来自市委宣传部、市委统战部、市委目督办、市纪委、市人大、团委市、市科技局、市统计局、市质监局、市建委、市城管局、市商务局等相关部门及成都传媒集团的有关负责人，高新区等区（市）县部门领导，市委党校专家学者共35人，就成都市文化产业园区可持续发展等热点问题进行了热烈的讨论。本次学术沙龙由中共成都市委党校文史教研部副教授邵军主持。

集约发展模式与文化建设的综合实施载体比较等方向开展讨论，以期通过研讨的形式，梳理并找到当前各类文化产业园区发展中的瓶颈和可持续发展的路径。

与会者认为，当前我市的各类文化产业园区正在如火如荼地建设过程中，各级政府和社会投资显著增加。然而，必须在增大投入的同时保持清醒头脑，充分发挥市场的主体地位，理顺关系，实现由数量向质量的转变。

文化产业园区的建设不能片面追求形态上的超前和更新，必须兼顾业态的可持续发展和文态的继承与创新。认清不同文化产品的生产与消费特点，有针对性地开展园区建设，做到有的放矢。成都在历史沿革层面的传统特色文化产品，其生产与消费基础目前已不断受到城市发展的影响，在调整过程中，新的特色文化产品层出不穷，同时也挤压和蚕食传统文化产品的存在空间。如何创造新兴文化业态、巩固和加强传统业态，已被公认为是急需破解的难题。

研讨会就当前成都文化事业和产业建设过程中存在的突出问题和破解路径进行了深入的研究分析并提出了对策建议。与会嘉宾围绕以下问题进行了深入探讨。

成都市在文化产业园区发展进程中：一、如何从政策、规划、财税等综合服务平台建设层面入手，保障成都作为国家社会公共文化服务发展典范和西部文化产业领跑者的地位；二、如何有效地规划、调整文化产业园区的功能定位与文化产品分类对接；三、市场化为主体的文化产品生产与消费特征研讨；四、文化产业园区的

大家普遍认为，文化产业当前的发展特点表现为"散"和"小"，合理而适当的聚集对做强做大成都市文化产业这个蛋糕，形成新的经济增长极是必不可少的。但是，产业聚集的前期条件必须细化，尤其是对文化产业集约发展的载体的发展要素考察，对那些文态无渊源和社会属性差的项目，必须慎之又慎。今天，历史机遇

业态上疏导社会心理、丰富完善创造特色业态形式的大舞台，也是国际化层面展示成都社会历史发展的窗口。

与会领导和专家一致认为，文化产业是城市发展的关键一环，面对新的历史机遇，如何依托不同类型的文化产业园区，大力培育新兴文化市场和促进文化消费，建设具有地域特点的新型公共文化服务平台是我们亟待解决的重要课题。必须坚持不盲目决策、重前期考察、定位务实准确的工作作风，只有坚持上述原则，才能使文化产业园区步入可持续发展的轨道。

再次摆在我们面前，文化的大发展大繁荣对中心城区的传统文态和业态优势发展提供巨大机会，但面对机会我们却没找到准确的实施载体。

新兴文化产业和高效集约原则适用于新兴文化产业园区，传统中心城区的城市格局却适用于文态特征明显的文化产业和特色服务业。不同于一般"新、集、约"和大工业特征，文化产业和传统服务业却表现出综合性强的"杂、散、小"的业态特征，此特征正契合社会感知城市品质的心理结构，所以，文化产业的实施载体和平台不在"大"而在城市中小街道毛细血管的"小"。城市中小街道提升改造应该是文化兴市的有效载体，是社区管理和建设的核心内容，是从形态和

推进成都产业跨越式发展研究

    2012年6月13日，由成都市社科联、成都市委党校、成都日报主办，市党校系统邓小平理论研究会承办的主题为"推进成都产业跨越式发展研究"的学术沙龙活动在成都市规划馆举行。来自市经信委、市科技局、市国土资源局、市规划局、市商务局、市文化局、市农林科学院、市纪委、高新综合保税区管理局、金堂县、双流县、金牛区、都江堰市、郫县等相关单位的领导，以及市委党校部分专家学者共28人，围绕成都市实施"产业倍增"战略、推进成都产业跨越式发展的主题进行了热烈讨论。成都市规划管理局总体规划管理处处长薛晖、市科技局高新技术发展及产业化处处长李良钰、郫县政府副县长罗光虎、双流县副县长易恩弟、市农林科学院农业信息与经济研究所所长杨军，分别作了主题发言。本次学术沙龙由成都市委党校经济管理教研部陈潮教授主持。

与会人员主要围绕以下几方面问题进行了深入探讨：

一、建设以经济功能为主的综合型国际化城市

    改革开放以来，尤其是西部大开发以来，成都大力推进工业化、城市化进程，国际化水平不断提升，实现了从封闭到开放的跨越，作为西部经济核心增长极的地位日益凸显，已成为西部大开发的引擎城市、内陆投资环境标杆城市、新型城市化道路重要引领城市。但受地处内陆的区位条件限制，与沿海地区相比，成都尚处于对外开放的初级阶段。作为西部内陆重要的区域型中心城市，成都要打造具有全球比较优势的西部经济核心增长极，就要全面融入世界生产流通体系，成为国际产业链条中具有成本竞争优势和产业错位优势的重要环节。

    国际化城市有多种类型，既有国际化政治中心城市、国际化经济枢纽城市，也有国际化交通节点城市、国际化旅游目的地城市等。综合研判成都的基本市情，成都新一轮发展的紧迫任务是大力推进国际化进程，建设以经济功能为主的综合型国际化城市。从整个中西部地区来看，成渝经济区域是重要的经济中心，是我国未来发展潜力最大的一个区域。同东中部省市比较，我们既有资源优势，又有要素优势，产业和科技基础也不差；与西部省市区比较，我们既有科技和产业优势，还有要素配套的优

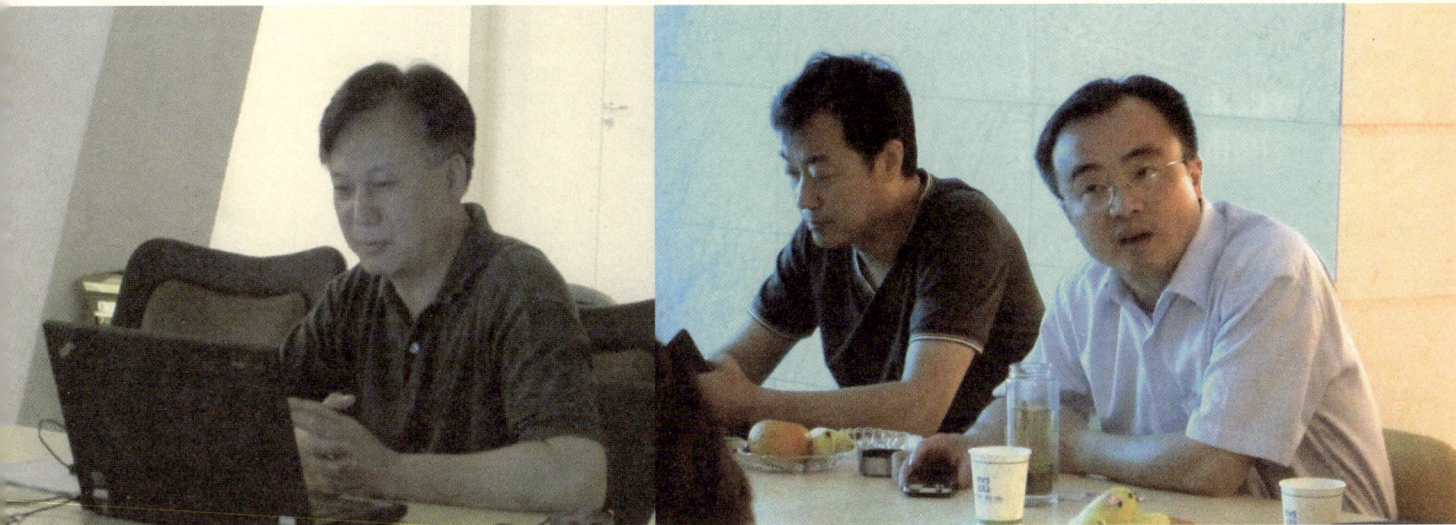

世界很多国家的发展历程表明，人口和生产力向区域经济主要板块尤其是特大中心城市集中，已经成为一个大的趋势。随着全球范围内经济增长方式转变和产业结构调整步伐的加快，产业转移作为生产力空间转移的一种方式，已成为影响区域产业结构调整的重要因素之一，成为西部地区缩小与沿海发达地区经济发展差距，实现跨越式发展的一种重要推动力。

金融危机之后，国际产业转移呈现出四个新特征：第一，国际产业转移更关注转入国的市场消费需求，产业转移的最终产品特征日益明显，中国等新兴工业化国家具有庞大的消费潜力和市场规模，成为国际产业转移的焦点。其次，转入国竞争优势增强，迫使国际产业在转移过程中，加强了研发和创新能力向转入国的再次转移。再次，传统产业的国际分工体系已基本完成，以获取和利用技术为特点的产业转移更加明显，高技术产业以及新兴产业的国际转移成为新热点。第四，产业价值链竞争成为国际产业竞争的主要内容。推进成都产业跨越式发展，要大力实施"产业倍增"战略，瞄准先进制造业和高端服务业突出重点产业招商，紧贴天府新区建设、"北改"工程和第三圈层发展突出重点区域招商，逐一摸排世界500强企业和全球细分行业龙头企业的投资意向，争取大规模、成建制、全链条地把省外、国外的成套产业更多地转移到成都来，使成都成为世界生产流通体系中具有成本竞争优势和产业错位优势的重要环节。

势，资源优势也不差。成都作为经济区的双核之一，不仅需要进一步扩大城区的规模的经济总量，更重要的是提升支撑现代经济发展的功能并实现质的飞跃，培育支撑经济区现代经济发展的新动力。成都走开放发展之路，归根到底是为了发展，这就需要鲜明地确立"产业立城"理念，更加主动地实施"产业倍增"战略、"全域开放"战略，把"双需驱动"、"两型增长"的要求落到实处，在新一轮城市竞争中率先成为具有全球比较优势、全国速度优势、西部高端优势的西部经济核心增长极，发挥"交通主枢纽、产业柱支撑、城市主引擎、开放主阵地"的重要功能。

　　二、抓住和利用好国际国内产业转移的历史机遇

　　成都正处于多种机遇汇集的良好发展时期：中国正在迅速崛起，已成为世界经济新的增长极和世界市场的核心部分；开放重点由沿海向内陆转移；西部大开发将形成中国新的经济增长极；国内资本大规模双向流动；成都产业基础雄厚，区域腹地广阔；具有劳动力成本、土地和资源等比较优势，以及得天独厚的生态风貌、千年传承的文化积淀、宜业宜商宜居的城市环境。其中一个最重要的历史机遇是全球第四轮也是最大规模的国际产业转移浪潮，抓住这一机遇，就有可能跃升为具有全球比较优势的国际化城市。

　　三、把握住"千年立城"的重大机遇

　　国际经验表明，在一座城市的国际化进程中，城市发展创造需求，产业立市提供供给，国际化使资源达到最优配置，科技化创造未来，民生化服务于社会，最终形成能量高度聚集、辐射广泛的国际化城市。始于20世纪80年代深圳、90年代浦东，以及新世纪滨海的经济核心增长极城市的快速发展，撬动了珠三角、长三角、

环渤海经济圈的三次大开发浪潮，引领中国发展成为世界第二大经济体。经过30多年的快速增长，北上广等发达城市已进入提升产业能级阶段，以成渝经济区为代表的西部经济成为我国新的经济增长点。

成渝经济区已上升为国家战略。《西部大开发"十二五"规划》提出将成都建设成为内陆开放型经济战略高地，意味着天府新区将与重庆一起共同承担起国家战略的时代考量，这也符合国家对成都规划向东向南发展的要求，更是保护耕地、造福子孙后代的历史需要。天府新区建设，将推动成都的建城格局由延续千年的"单中心"向"双中心"转变，打开成都通向建成区超千平方公里、市区人口超千万的"巨型城市"的大门，不仅将改变千年建城格局，还将奠定未来发展的百年之基，为再造一个"产业成都"开辟发展空间；同时，将产业功能、城市功能、生态功能融为一体，拒绝城市病。

无论是新区建设，还是旧城改造，必须坚持现代化的城市形态、高端化的城市业态、特色化的城市文态、优美化的城市生态"四态合一"理念统揽城市规划和建设。特别强调生态绿色的基础设施，特别注重产城融合发展，特别注重城市生态和文态塑造。采取"走廊+组团"的布局方式，构建起"一轴双核六走廊"的多中心、组团式、网络化的城镇发展格局。一是打造好全长80公里的"百里城市中轴"，沿人民南路、人民北路南北延伸，北接德阳、南连眉山，使这条中轴线成为成都未来发展的景观轴、经济轴、文化轴和生态轴。二是打造"八十公里环城绿廊"，依靠"城市中水回用"解决"198"区域的水源补给，着力打造全长85公里、面积约130平方公里的环城湿地公园，发挥"198"区域的生态、景观和休闲功能。

天府新区建设，一是要突出抓好"三纵一横两轨"等交通干线工程，按照"小规模、密布局、快起步"的建设原则推进起步区建设，努力建设先进制造业为主、高端服务业聚集的国际化新城区，早日实现"再造一个产业成都"的目标。二是作为一个产业优势突出的国际化现代新城，就要采取"拿来"主义，聚集一批优势国内外企业入住，形成战略性高端产业集群，与此同时，也要发挥企业聚集效应，带动本土企业向国际化、世界级企业升级，这是成都本土企业打造国际化、世界级企业的极佳历史契机。

四、努力实施"产业倍增"战略

成都还处于国际化初始期，经济发展水平还不高，最大的差距是"两个不充分"，即工业化和国际化不充分。在经济形态上还具有"商贸流通型城市"的特征，产业基础特别是工业基础不够坚实，核心竞争力不够突出。

在后工业化社会，产业发展具有先进制造业占主导地位、生产性服务业高度发达、现代工业和服务业高度协调互动、人力资源素质大幅提升、工业发展与城市发展深度融合的特征。成都未来发展，要加快实现从简单加工产业基地向战略型综合基地转变，从商贸流通型城市向以经济功能为主的综合型城市转变，为实现国际化城市的长远目标打下坚实基础。成都作为内陆后发城市，"产业立市"为之根本，尤其需要把实体经济特别是现代工业摆在突出位置，坚持先进制造业先导发展，抓源引流、抓纲带目实现三次产业联动发展，将成都建成支柱产业的高密集中区和新兴产业的重要孵化地。

推进成都产业跨越式发展，必须加快构建高端化产业格局。一是围绕高端产业、产业高端和行业顶尖企业招大引强，通过配全产业链招商、配强产业链招商、配套产业链招商，成建制、全链条集群引进，大规模承接产业转移。二是以先进制造业为先导，以"高精尖优"为主攻方向，做强做大电子信息、机械、汽车、石化等特色优势产业，加快发展新一代信息技术、新能源、新材料、生物医药、高端装备制造等战略性新兴产业。把握工业信息化、制造业服务化新趋势，用先进适用技术和新兴商业模式改造传统制造业，提升制造业产业链和价值链。三是大力发展园区工业，着力提升高新区、经开区和工业集中发展区承载能力。四是加快服务业提速升级，优先发展现代物流业、信息服务业、科技服务业和商务服务业，大力发展电子商务、服务外包、智能服务等新兴业态。五是培育都市现代农业，突出发展高端种业、生态有机高效农业和农产品精深加工业，完善产业化链条，积极发展休闲农业和乡村旅游业。六是建立利益协商和整体招商机制，统筹推进三大圈层错位竞争、联动发展。

新津农村合作社发展探讨

2012年12月11日，新津县社科联在县城南岸某农家乐举办了"成都学术沙龙"，本期沙龙是2012年度社科论坛的科普活动项目，主题是新津农村合作社发展探讨。沙龙邀请了县政协、统战部、文广体新局、师范校、职高等单位的12名退休老同志参加。与会者围绕主题畅所欲言，对新津农村合作社发展提出了很好的建议。

沙龙的话题主要从兴义镇的合作社说起，谈谈合作社的发展。2011年11月17日首届"国际有机生态峰会"在兴义召开，兴义镇杨牌村借此东风成立了"土地股份合作社"，由49名股东发起，社员以土地承包经营权入股，不缴一分钱，成立后注册了商标。目前有股东510户，规模经营种植面积1320余亩，年产蔬菜4500余吨。

杨牌村地理条件优越，交通便利，土肥地美，当地农民一直有种植蔬菜的传统。从20世纪80年代起，到90年代中期全村的蔬菜种植便成了规模。合作社的成立对杨牌村农业经济的发展起了重要作用。杨牌村蔬菜产业的统一经营，大大提升了竞争力。

合作社每月都不定期召开一次集体会议，以解决遇到的各种困难，如销售、技术、播种等方面的困难。过去农民们各自为政，销路受到很大局限。合作社成立后，以公司的名义进行了宣传，打开了销路。主打产品折耳根，价格飙升，以前每斤不过五六元，现在就地收购也能卖到10元左右。折耳根的根（土下部分），过去只能卖两三毛，甚至无人买，现在却能卖2至3元，农民们获得了可观的经济效益。合作社为主打产品折耳根冠名为"芳香牌"。

解决遇到的技术难题，也是合作社的重要工作。合作社聘请的技术人员都是合作社的社员，都是种蔬菜的能手。土地合作社让杨牌村的蔬菜种植迈上了一个新的台阶，农民们的人均年收入由以前的四五千元达到如今的八千多元。其中四队种植折耳根，人均年收入已经突破了万元大关。

杨牌村的经济发展启发我们，办好合作社首先要选好自己的领头人。其次，应该因地制宜，找准特色，走规模化之路。最后，还要有现代市场观念，将生产与市场密切结合。当然，杨牌村土地合作社成立时间不久，还需要经受市场的严峻考验。以后，可能还会有这样那样的困难，但这个路值得走下去。目前新津已有10余个农业合作社，发展情况各不相同，但与家庭经营相比，其收益和抗风险的能力无疑要大些，这为新津的农业发展提供了新的方向。新津地少人多，人均约8分地，因此，集约化经营应当成为未来的发展方向。

发展生态产业　促进生态成都建设

2012年6月28日，由成都市社科联、成都日报社、成都市环保局、成都市委党校主办，成都市党校系统邓小平理论研究会承办的主题为"生态成都建设研究"的学术沙龙活动在成都市委党校图书馆会议室举行。来自市环保局、市委宣传部、市府办公厅、市委统战部、市林业园林局、市水务局、市交委、市农委、市计生委、市公安局、市司法局、市财政局、市人社局、市金融办、市档案局等市级部门，都江堰、新都、锦江、高新等区（市）县的领导和专家，市委党校专家学者共29人，就成都生态城市建设的探索与实践进行了热烈的讨论。本次学术沙龙由成都市环保局副局长陶宏志、成都市委党校现代科技教研部主任张洪彬教授共同主持。

与会嘉宾围绕生态城市建设的各种话题进行了探讨，有8位领导或专家作了主题发言，就当前成都生态城市建设进行了深入的研究分析并提出了对策建议。与会者一致认为，生态文明是人类文明的高级形态，生态城市是人类文明演进到生态文明时代的产物，建设生态城市是时代赋予我们的光荣使命。本次学术沙龙的专家观点综述如下。

一、成都建设生态城市的意义和作用

成都建设生态城市的意义和作用在于：1. 生态城市是人类进化历程的必然抉择。在人类的进化历程中，城市是现代文明的象征。城市化是当今世界发展的必然趋势。当前生态环境问题是人类社会面临的最严峻的危机，特别是对于城市而言，生态问题更为突出，已成为城市可持续发展的最大障碍。三百多年来，工业文明下形成的城市发展模式受到了严重的挑战。因此，变革传统的城市发展模式，寻找未来城市发展之路成为了人类进化历程的必然抉择，生态城市应运而生。

2. 建设生态成都是贯彻落实成都市第十二次党代会精神和建设现代生态田园城市的必然要求。成都市第十二次党代会提出的成都今后五年发展的指导思想的九个方面表述中，有2个涉及到了生态。黄新初书记在党代会上的报告中明确提出"要积极创建国家级生态城市，打牢宜人成都的生态本底。良好的生态环境，是宜人成都的基本要素，是可持续发展的重要支撑。要切实加强生态文明建设，坚持走绿色发展道路，加快建设资源节约型、环境友好型社会，打造城景相融、田园相连、山水相依的生态宜居城市"更是彰显成都建设生态城市的现实意义和作用。

打牢成都的生态本底是建设生态城市的基本要求，当前我市的五大兴市战略与生态城市建设密切相关。比如生态城市建设必然涉及到建立公共交通系统，解决绝大部分人的交通出行；"产业倍增"战略，关键在于三次产业要联动发展，而前提在于先进制造业要先导发展，这些内容实质上都涉及到生态产业的发展；立城优城更是涉及到生态本底的打造、国家级生态城市的创建等；在三圈联动中，产业的高端化、三圈层的生态优势转化为发展优势等都涉及到了生态产业的发展；毫无疑问，在当今世界，生态城市建设是热门话题，是对外交流的重要内容。

二、发展生态产业是建设生态城市的关键

"产业兴则城市兴，产业强则城市强"是人们的共识。因此，发展生态产业是成都建设"现代生态田园城市"的关键环节。生态工业园是生态城市的细胞，抓好生态工业园区的建设有利于生态产业的发展。目前，我市生态产业园区建设存在的主要问题，一是园区产品结构单一，缺乏静脉产业类园区；二是以工业共生为特征的工业生态链不完善；三是园区缺乏工业共生系统的核心企业；四是园区的部分环保指标不高；五是环境保护信息系统不够完善，缺少相关信息平台。解决生态产业园区存在的问题一是要以循环经济的3R原则推进企业清洁生产；二是要积极构建工业生态系统，进而促进整个生态产业的发展；三是要实现绿色招商管理，从补链发展的思路出发，积极引进能形成"生态链"的企业；四是要加强自主创新，增强企业竞争力；五是要抓好制度建设、人才引进等支撑环境的营造，为生态产业创造良好的发展环境。目前成都市产业共生体尚未建立，应引进工业共生的核心企业，此外还应从共生的层面进行产品设计等等，多层面构建成都的工业共生体，促进生态产业发展。发展生态产业还有做好几项工作，一是从全域的层面建立成都市的生态补偿机制；二是要抓好排污量交易的试点工作，促进产业发展的生态化；三是要培育全民的生态意识，树立正确的生态观，避免"极端化的生态观"影响产业的生态化以及生态产业的发展。

三、要认识生态城市建设的艰巨性、复杂性和长期性

目前世界上最著名的"生态工业"模式是"卡伦堡共生体系"。卡伦堡是丹麦的一个工业小城市。那里的工业企业主要有5家：一家是丹麦最大的火力（煤炭）发电厂，一家是丹麦最大的炼油厂，一家是丹麦最大的生物工程公司（也是世界上最大的工业酶和胰岛素生产厂之一），一家硫酸钙厂，一家建筑材料公司。这些企业相互之间的距离不超过数百米，在生产发展过程中，它们逐渐地、自发地相互间交换"废料"、蒸汽、不同温度和不同纯净度的水以及各种副产品，并用专门的管道体系连接在一起，从而形成了一种"工业共生体系"。从"卡伦堡共生体系"的运作方式可以看出，生态工业乃至生态工业园区建设的思想和原则并不复杂，但是在现实

中，"生态工业园区"的建设和发展往往是十分困难的。这种困难并不在于其经济和技术可行性，而主要在于社会观念、心理等因素的影响，在于"社会惯性"，在于300多年来工业文明带来的路径依赖，克服这种路径依赖将是一项艰巨的任务。

生态城市的建设是巨大的系统工程，其复杂程度是显而易见的。生态城市的建设是一个长期的过程。比如澳洲阿德莱德生态城市建设的"影子规划"，就是从1836年早期的欧洲移民来到大利亚，到2136年的生态城市建成，时间跨度为300年，这是生态城市建设长期性的典型案例。

四、成都生态发展产业的取向

发展生态农业与都市型生态农业是打牢成都生态本底和创建国家级生态城市的基础。要注重都市生态农业的发展，要注重小区域、小范围的典型示范，要注重示范点发展的可操作性、可推广性，要注重绿色消费理念的、市场的引导。

抓好节能环保产业功能区的建设。在生态产业中，节能环保产业是必然的内

容。在当前，节能环保产业是我国七大战略性新兴产业之首。金堂环保产业基地建设已经取得了一定的成效，要继续抓好。

先进制造业先导发展正当时。先进制造业是指以先进制造技术成果为基础的制造业，而这个基础就是优质、高效、低耗、无污染或少污染工艺，并在此基础上实现优化及与新技术的结合，形成新的工艺与技术。这表明，先进制造业具有生态的内禀性，可以作为生态产业的行业之一。市委提出先进制造业先导发展正当时，是对我市发展生态产业的有力支撑。

注重发展新材料产业，为生态产业发展提供物质基础。现代文明并列的三大支柱分别是材料、能源和信息。材料提供物质基础，能源提供做功的潜力，信息提供知识和智慧，材料是能源和信息的基础，因此，新材料产业是其他产业之基础。从这个维度看，要培育和发展环境友好的新材料产品，为生态文明建设打牢基础。

大力发展生态服务业。所谓"生态服务业"也可称为"生态第三产业"，也就是指第三产业的生态化。生态城市必须十分重视第三产业的发展，因为第三产业往往反映了一个城市经济与社会的活力，也反映了整个城市生态系统的运行状况，常常成为城市发展水平的一个重要标志。应根据成都实际发展生态物流、生态旅游、生态教育、生态文化、生态交通运输、生态住宿与餐饮等行业。

专家顾问掀"头脑风暴"
共谋青羊"产业倍增"大计

青白江区举办农业科技沙龙

2012年3月30日，由青白江区区社科联牵头，区农发局承办的"农业科技沙龙"在农科大厦举行。参加座谈会人员中，高级技术职称8人，中级职称24人，助理11人。农发局副局长钟志勇主持了会议。会议主要围绕"我为青白江现代农业发展做什么"这个主题，紧扣如何开展农业科技服务、解决农业科技服务最后一公里等课题，结合我区农业发展现状和自身工作展开了激烈的讨论，各抒己见，并且要求每个参会人员发言并形成文字材料。

地处中心城区，肩负着头雁高飞的使命，青羊区的服务业该如何实现产业倍增？要充分发挥文化资源优势，青羊区的文化产业发展又该如何布局？2012年2月7日，青羊区委政研室、区科技局（区顾问办）、区商务局、区文体旅局、区社科联召开"成都学术沙龙·青羊科学发展论坛"，邀请区科技顾问团的专家，立足青羊区情，对区服务业优化升级和文化产业发展充分把脉，并听取专家们的建言献策。

青羊区邀请到的专家既有来自市政府相关部门的负责人，也有来自科研院校的学术带头人，通过他们不同层面的分析，青羊区破解"产业倍增"难点和症结的思路逐渐明晰起来。论坛主要就"在全市服务业发展总体布局下，青羊服务业优化升级的对策研讨"和"充分发挥青羊文化资源优势、发展文化产业的对策研讨"两个方面的问题进行专题研讨。此举旨在通过借专家的"智"，进一步理清实现"产业倍增"的发展思路，破解"产业倍增"发展过程中的难点和症结，在全市打造西部经济核心增长极的征程中拔得头筹。

参加此次研讨论坛的副区长赵艳艳、李香贵均表示，专家们掀起的"头脑风暴"，为青羊区提供了很好的借鉴和指导，青羊区将结合实际，对下一步的工作做出更好的部署。

蜀绣的传承与发展

　　2012年12月7日，由中共成都市委宣传部、成都市社科联主办，中共成都市金牛区委宣传部、金牛区社科联、金牛区妇联、金牛区黄忠街道承办的2012社科年度论坛科普活动之一——"蜀绣的传承与发展"主题沙龙，在金沙公园东社区综合文化活动室举行。沙龙特别邀请到了中国工艺美术大师、成都梦苑蜀绣工艺品有限责任公司总经理孟德芝为大家讲述四大名绣之一——蜀绣的传承与发展。成都市社科联学术学会部主任杨鸣，金牛区委宣传部副部长、社科联主席袁代树，金牛区妇联主席杨淳、副主席雷婕，黄忠街道副书记梅红，金牛区政协文史办主任周波，区委政研室主任牟新云，成都理工大学政治学院副教授刘建等15位嘉宾参观了蜀绣作坊并参加了座谈。

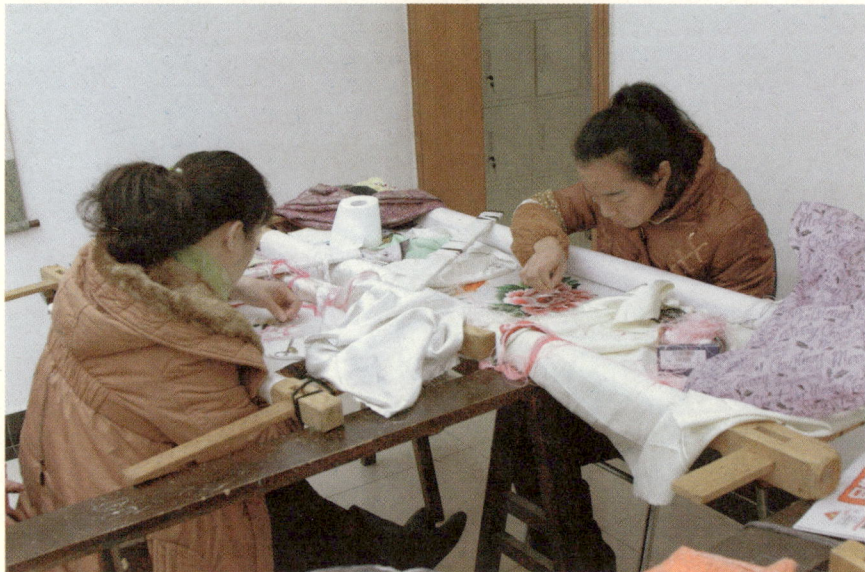

　　孟德芝老师讲述了成都蜀绣厂的发展历史以及蜀绣的独特技艺和特殊针法，现场嘉宾们为蜀绣的产品生产、组织策划、市场营销等献计献策。

　　孟德芝系中国工艺美术大师、成都梦苑蜀绣工艺品有限责任公司总经理，他首先回顾了蜀绣的历史，讲述了自己与蜀绣的情缘及创业之路，对蜀绣的未来发展提出了展望。他认为，蜀绣的传承模式应该由师徒模式向学校模式转变。蜀绣的传承与发展还存在着很多问题：专业创新队伍缺乏，急功近利、人浮于事，缺乏静心创作的精神；国内外市场比重不均，国外购买力疲软，90％的蜀绣作品内销；国内外文化差异较大，蜀绣对外宣传不够。

　　蜀绣作为非物质文化遗产，该得到怎样的保护与发展呢？黄忠街道副书记梅红认为，蜀绣可以与饮食、装潢等行业联系起来，也可以通过电视剧、广告等载体加大宣传，增强社会影响力和认可度；金牛区委政研室主任牟新云认为，可以在产品品牌策划、生产组织管理、市场营销渠道、人才培养等方面多下工夫；金牛区妇联主席杨淳认为，设计金牛区对外宣传品牌，如《五牛图》等，借力宣传。

最后，孟德芝认为，要有意识地发展蜀绣后备军。收学生之初人数很多，但能坚持下来的却很少。蜀绣技艺的提升，需要建立在针法、技术、绣种的积累上。自己对学生采取精选提升、亲自指导的方法，为他们指明方向，希望他们在生活改善的基础上，更有职业动力。作为企业，要努力达到文化传承与市场效益的双赢。作为个人职业，对蜀绣的认识要从计件应付到主动进行艺术创作。境界的提升，才会在创作过程中看出问题，才能更进步。艺术与地域文化息息相关。蜀绣强大的生命力，与四川文化密切相连。蜀绣具有深厚的文化底蕴，显示出了蜀人的包容、道教的精髓以及人与自然的和谐包容。

服务企业发展　助推产业倍增

2012年11月27日，成都市工商行政管理局举办服务企业发展沙龙由成都市工商学会主办，成都市消费者协会、商标协会、广告协会、个体私营经济协会、企业诚信促进会协办，成都市160多名各行业龙头企业代表和40多名工商行风监督员、企业联络员、消费者协会监督员参加。沙龙由成都市工商学会秘书长湛羚主持，成都市工商局商标分局原副局长寻宪恕作了题为《企业实施品牌战略发展路径》的专题报告；成都市工商局广告监督管理处副处长李彬作了题为《企业广告宣传策划应当注意的问题》的专题报告；成都市工商局消费者权益保护处副处长道娟作了题为《消费者权益保护及商品质量监管》的专题报告；成都市工商局执法局副局长韩晓庆作了题为《诚实经营 尚法守法 维护公平竞争的市场秩序》的专题报告。《法治大讲堂》主讲人分别从实施品牌战略、企业广告策划、商品质量监管、消费者权益、公平交易执法、商业秘密保护等方面进行了全面阐述，并结合鲜明的案例，形象讲解了目前企业、行业发展过程中存在的问题，重点提出依法规范企业发展的意见建议。通过这次服务企业发展沙龙座谈会，企业家代表认识到，企业做大做强必需的四大制胜法宝：坚持企业产品质量第一是生命；消费者信赖扩大市场份额是保证；实施商标品牌战略强企是途径；诚信守法经营提升企业竞争力是保障。

产业集群战略
与开发区发展研究

2012年12月17日，由中共龙泉驿区委宣传部主办，龙泉驿区社科联承办的《产业集群战略与开发区发展研究》结题研讨会学术沙龙在区委宣传部二办公区会议室举行。市社科联副主席、市社科院副院长阎星，市社科联副秘书长、学会学术部部长杨鸣，省社科院经济研究所所长、研究员蓝定香，省社科院副研究员、博士刘金华及省社科院研究生一行5人等出席了研讨会，区委办、区委党校、区委援藏办、龙泉开发报社相关人员参加。会议由龙泉驿区社科联党组书记、主席黄晓靖主持。

"十二五"期间，龙泉作为天府新区起步区，提出了要建成万亿级产业集群的中国西部汽车城、实现"最汽车，最田园，最幸福"的宏伟目标。经开区作为国家级经济技术开发区，经过二十多年的发展，已经成为成都经济发展的核心地区。成都经开区自2000年2月被批准为国家级经济技术开发区以来，围绕产业定位，实施项目引进，逐步形成了以汽车为主导产业，工程机械、电子电器和新型材料为优势产业的产业结构。同时，以一汽大众、丰田、神钢、吉利、奥克斯、兵装集团、川渝中烟等骨干优势企业为核心，强化相关企业之间的产业分工与协作，逐步形成产业集群。

从成都经开区产业集群的外在形式——成都经开区本身的情况来看，虽然它在西部各开发区中总体上位居前列（2010年在西部13家经开区综合评比中排名第4位），但是，与全国平均水平相比，特别是与东部和中部发展较好的开发区相比，成都经开区的差距是很明显的。产业集群作为一种新兴的经济发展模式和区域经济的基础特征，已经成为区域竞争优势的重要支点，随着社会产业分工的细化，产业集群成为了区域经济发展的基本特征和驱动力。国家级经济技术开发区经过20多年的艰苦创业，发展成为土地集约程度较高、现代制造业集中、产业聚集效应突出的外向型工业区。然而，大多数的开发区并没有根据自身拥有的资源优势，培育出具有自身特色的产业集群，而是在产业、功能、结构、模式上趋同，重复建设的现象比较严重。"产业聚集"的直接原因是开发区优惠的土地和税收政策。这种产业的空间聚集只不过是企业的盲目堆砌，而不是真正意义上的产业集群。因此，努力发掘产业集群理论在中国开发区的实际应用价值，具有十分重大的理论和现实意义。

"产业集群战略与开发区发展研究"是龙泉驿区社科联2012年完成的4个软科学课题研究之一，牵头负责人正是龙泉驿区社科联主席黄晓靖。该研究运用案例分析法、比较分析法和多学科综合分析法，通过大量阅读国内外有关产业集群、开发区等相关领域的文献和深入调研，以产业集群为支撑，对产业聚集战略与开发区的发展作出了研究。从产业集群的定义、产业集群的分类和产业集群理论等方面入手，研究了国内外产业集群理论综述；从我国开发区建设的背景、发展历程、发展现状、存在的问题和面临的发展机遇与挑战等方面入手，研究了我国开发区的实践；从产业集群的形成机制、特征、优势和产业集群竞争优势的成因等方面入手，研究了产业集群的发展和竞争优势；从开发区对产业集群的促进作用、产业集群对开发区发展的促进作用、开发区形成产业集群的条件、我国开发区产业集群存在的问题等方面入手，研究了开发区与产业集群发展的关系；从成都经开区发展概况、成都经开区产业集群发展的现状及问题、成都经开区产业集群发展不足的原因等方面入手，研究了成都经开区产业集群的发展。

研讨会上，各专家学者对经开区发展如何克服"软肋"，抓住天府新区建设的大好历史机遇，多快好省地建成万亿级产业极核展开讨论，集思广益，为经开区和区委区政府下一步的发展战略和策略提出了建议。领导、专家们一致认为，产业集群具有组织优势、市场竞争优势、分工合作优势和文化认同优势；开发区的投资环境能促进产业集群发展壮大，开发区的产业配套优势能促进产业集群内产业链的优化和延伸，开发区的企业竞争优势有利于促进产业集群内企业生产效率的提高；产业集群能促进开发区形成环境竞争优势，能提高开发区的区位竞争力，能提高开发区内企业的竞争力，能加速开发区的城市化进程。"产业集群战略与开发区发展研究"选题好，研究方向和定位准确，对经开区产业发展具有现实指导意义，为我国开发区产业集群的战略对策、为我国开发区产业集群建设提供了思路。特别是研究成果在对成都国家级经开区产业集群发展案例分析的基础上，提出了做强主导产业、大力发展核心企业延伸产业链、搭建开发区产业集群发展平台的发展目标，还从开发区管委会及政府相关部门、开发区企业、开发区行业协会三个层面，对成都经开区发展产业集群提出了具体的政策建议，充分体现和发挥了社科联作为区委区政府的参谋和智囊的作用。

统筹“三圈一体”●共建社会和谐

加强创新合作交流　促进科学文化发展

2012年9月19日，由成都市社科联主办、成都翻译协会承办、以"加强创新合作交流，促进科学文化发展"为主题的全市社科学会文化类协作组工作交流会在中国科学院成都教育基地召开。成都市社科联及协作组成员单位成都市国防教育学会、市律师协会、市群众文化学会、市城市科学研究会、市家庭教育促进学会、市信息协会、市新闻工作者协会、市社会学会、市妇女理论研究会、成都翻译协会等单位的负责同志参加了此次会议。在会上，各学会领导围绕着"加强创新合作交流，促进科学文化发展"这一主题进行了热烈的交流和探讨。

会今后加强联系和交流，实现资源共享，促进社科发展。

成都市新闻工作者协会秘书长王华高汇报了工作情况。成都新闻工作者协会成立于1983年，至今已满30年，发展迅速，现有会员单位就有142家，会员队伍不断壮大。协会主要是协助市委市政府宣传部工作。在2013年上半年的工作中，主要配合了市委宣传部开展了为期四个月的"反对虚假新闻"活动，在记者中广泛开展教育工作。同时加强了新闻工作者深入基层的工作，要求记者深入采访，不能脱离基层。开展成都新闻奖评选工作，此项评奖已经开展29届，在今年的评选中，成都新闻工作者协会荣获一等奖14件、二等奖26件、三等奖40件。协会还每两月举办一次讲坛活动，取得了很好的成效。

市家庭教育促进学会贺苏会长汇报说，促进会重点根据社会热点问题，走进街道、社区基层，开展家庭教育和心理教育活动，内容包括法制教育、心理健康、家庭教育、养生、传统文化等多个方面，受到广大社区干部群众的欢迎，也得到上级有关部门的肯定，促进会正在以此活动项目申报"中国社会创新奖"。另外，促进会还办了《社区家庭月报》，发送到社区各家庭；组织编写出版"成都市家庭教育丛书"；与成都电视台第二频道合办《抵拢倒倒拐》，与四川新闻频道合办《家有儿女》等节目；目前正在积极参加民政局社会团体评级的工作，希望通过不断的努力

成都翻译协会秘书长孙光成教授向大家汇报了2012年的工作情况。成都翻译协会根据自己的专业特性，主要抓了以下几项工作：第一，为政府部门及相关单位提供翻译服务，如为西博会、欧洽会等提供服务；第二，开展多语教育培训。协会开办了从小学到大学不同阶段的各语种培训班；第三，响应市委市政府提出的"加快成都国际化发展"战略，积极参与了成都市外办牵头的拟建设"成都翻译港"、成都市多语标识标准化、规范化，及2013年即将落户成都的财富全球论坛等项目；第四，2012年4月，承办了由中国翻译协会主办的第二届全国英语口译大赛云、贵、川、藏赛区的比赛；第五，编辑出版图书与期刊，如主办了由中国科学院主管的公开出版期刊《中国西部科技》和专业会刊《西部翻译》杂志；另外，与多家出版社合作，今年以来已编辑出版图书9部，取得较好成效。孙光成秘书长最后希望各个协

能够推动促进会更好的发展。促进会还积极向全国妇联推荐先进人物，2012年成都的张皓同志和陈越同志当选为"中国家庭教育百名公益人物"，特别是张皓同志荣获"中国家庭教育十佳公益人物"称号。

成都市国防教育学会副会长仁谦首先简要阐述了学会的基本情况。学会按照社科联的要求，除了做好日常工作，还组织开展了百姓故事会；邀请老领导和各大高校的教授组成讲师团，在成都、泸州、宜宾、巴中各级党校、各大专院校举办讲座，一共授课25场，听课人数高达15000余人；组织人员到贵州、遵义等地进行国防教育考察；和人防办联合编写了关于国防知识的教材《防空防灾知识与救护技能手册》，目前已印发一万册，受到广大市民欢迎。

成都市城市科学研究会办公室主任杨胜模汇报说，成都市城市科学研究会成立于20世纪80年代，主要工作是根据市政府关于城市建设发展战略开展相关研究。在2012年的工作中主要以"成都名城新认识与新构建"为研究课题，其中包括对九个子课题的研究，如建筑文化、遗址文化、非物质遗产文化、水文化、地名文化等研究。在2012年3月还组织专家到北京实地考察，学习北京市的城市文化名城建设经验，例如对北京老胡同、四合院的保护等。

成都市律师协会在2012年上半年领导换届后，首先实施了律师执法检查，在成都市高新区法院进行试点检查，得到领导及相关部门的充分肯定。其次，由11个法律专业委员会组成的法治大讲堂定期开展讲座，自6月以来已开办了7场，规模大，反响强烈。在9月上旬举行的全省律师行业"创先争优"表彰会以及全国律师行业"创先争优"表彰会上，该协会有5个律师事务所党支部和14名党员律师被评为先进，获得了表彰。

成都市群众文化学会2012年的主要工作包括：组织开展的金牛区文化创新项目获得了"全国文化创新奖"；开展了18个课题的专题调研，针对这些专题开展了学术交流会；每周六定期开展"成都故事百家谈"公益讲座，已经坚持了六年，目前开展的范围更广，更加深入；组织优秀科研成果评奖，已经有50个项目入围；坚持办好《成都群众文化会刊》，提高刊物的学术性与可读性。

成都市信息协会杜欣宇处长汇报协会2012年的主要工作：一、加强了协会网站的建设与维护；二、编辑发行信息期刊；三、同南京信息协会合作在锦江宾馆组织举办了"第二届长江论坛"；四、定期开展政策培训，派专家到区、市、县各级部门开展培训课程；五、获得了"创先争优发改委系统先进单位"称号；六、按时按质按量地完成会员活动计划。

各个学会负责人汇报完工作开展情况以后，成都市社科联学会部副主任李敏对此次交流会进行了总结。她表示，此次交流会非常成功，并且希望今后各学会能够更多开展类似活动，加强学会之间的交流，使学会活动更加活跃。

地平新家园
探讨创新新型社区管理

双流作为天府新区建设的核心区和承载区，随着天府新区重点工程的建设、新建企业的投产和双流统筹城乡一体化、建设生态田园城市工作的推进，将新建大量农村集中居住区。为实现农民向市民的转变，创新新型社区管理，2012年11月22日，由中共成都市委宣传部、市社科联主办，双流县社科联承办的成都市社会科学2012年度论坛"创新新型社区管理模式"学术沙龙在籍田镇地平新家园举行。

籍田镇党委书记王宏介绍了籍田镇按照县委"领跑中西部，挺进前十强，全面达小康，基本现代化"的总体奋斗目标和"一主线三战略五加强"发展思路，依托地平村地理优势，建成依山傍水的新型农民集中居住区——籍田地平新家园。王宏谈到，地平新家园建设发展的基本做法是：1.以科学规划为引领，做优城乡形态；2.以都市农业为指导，做强产业支撑；3.以机制创新为抓手，夯实发展基础；4.以"五化"模式为核心，强化自治管理。

籍田镇镇长谢国忠认为，建设规划上，地平新家园按照"师法自然"和"四态合一"（即：业态上体现发展性，生态上体现相融性，形态上体现多样性，文化上彰显特色性）的规划理念，围绕南部现代农业科技功能区的定位，统筹考虑小区产业发展、基础设施、公共服务、生产宜居等因素，科学编制完善产业发展、新型社区建设、基础设施和公共设施配套等各项规划，做到"多规合一"。小区管理上，地平新家园按照"三分建、七分管"的思路，优化服务平台、注重社会参与、强化素质提升，深入探索"自治化管理、精细化服务、多元化筹资、市场化经营、市民化培育"的"五化"管理模式，实现小区住户"自我管理、自我服务、自我监督、自我教育"的"四自"管理，促进群众生产生活方式转变。产业发展上，地平村依托现有的基

础和区位优势，以红缨李和观赏鱼等优势特色产业为重点，推进城乡旅游发展，促进一三产业互动，带动农民增收致富，实现了小区居民由农民向市民的转变。

籍田镇副镇长谢长林详细介绍了地平新家园创新新型社区"五化"管理模式。一是自治化管理。地平村依托"村两委+议事会+监督委员会"的新型村级治理机制建设，构建了地平新家园决策、执行、监督"三分离"的自治体系，实行小区事务民主管理"五步法"(即宣传发动和征集意见、收集梳理和公示上报、汇总商议和讨论审定、过程监督和项目验收、民主评议五个步骤)，和小区事务"民事民议、民事民办、民事民管"。二是精细化服务。地平新家园坚持完善小区各类服务体系，积极引进社会力量在小区开展关爱留守儿童、残疾人帮扶、居家养老等新型服务，促进社会服务理念和社会工作手法进小区，为小区居民提供便捷细致服务。三是多元化筹资。即按"小区业主出一点、市场运作筹一点、村集体经济补助一点、县镇财政补贴一点"的原则，多渠道筹集小区管理资金。四是市场化经营。通过公开招投标，聘请了成都弘毅兴物业管理公司入驻小区，保障小区居住品质。以社会化、市场化运作，调动社会力量参与小区管理，促进小区事务"管办分离"。五是市民化培

科普活动

育。通过开展就业培训，提供就业信息，促进农民群众充分就业；开展"三新文明家庭"、"优秀菜地种植家庭"活动评比，组织"百姓故事会"、"一月一村一大戏"等群众性文化活动；组织"'大调解'进小区"、"法治文化进小区"以及"法律大讲堂进小区"等活动，激发群众自我管理内在动力，全面提升小区居民文明素质，实现小区文明程度整体进步。

籍田镇政府社会办刘洪侠副主任在创新新型社区管理模式中谈到，创新新型社区管理要坚持三个原则：1. 以人为本，服务民生；2. 求同存异，挖掘特色；3. 拓展思维，超前谋划。他结合党的十八大报告中提到的"加强社会建设，促进社会和谐"内容进行了阐述。他认为，在创新新型社区管理的探索中，籍田镇"五化"管理模式有效实践了"党委领导、政府负责、社会协同、公众参与、法治保障"社会管理新格局，形成了政府、市场和社会良性互动的生动局面。籍田镇党委政府在坚持有效领导，做到不缺位、不失位的同时，通过培育自治化组织，健全自治化机制，引进社会组织参与管理，推行市场化经营和政府服务外包等措施，使社会协同力量有效激活，群众参与作用进一步发挥，形成了地平新家园民主下基层、经济更活跃、产业上高端、生活奔现代的良好态势。目前，在全县13个县级、11个镇级小区开展"五化"管理模式试点工作，并将于今年12月中旬进行验收。

成都市社科院社会与法制研究所所长王健认为，创新新型社区管理需要全社会共同参与，使小区居民体会到权利和义务是对等的，要获得一定的权利，必须要履行一定的义务。怎样深入推进民主、深入群众工作，其核心就是要"以人为本"，在理念上要更新、制度上要完善、硬件设施上要到位，矛盾调处要公正，要有耐心、细心，让社区居民有主人翁意识，深切感受到社区是"利益、情感和生活"的共同体。坚持发挥群众的主体作用，在创新新型社区管理上，明确做不做、做什么、怎样做，通过管理、引导、教育，不断提升群众法制意识、民主意识、公益意识，改变居民的生活习惯。我国传统农村历来没有自治管理的基础，新中国成立后，随着党支部建设延伸到农村，村党支部一度肩负着非常重要的管理责任。如今，随着新农村农民集中居住小区建设的铺开，又鼓励将小区管理的权利还到群众手中，籍田镇地平村地平新家园在创新新型社区管理模式上作出了积极探索，形成了"五化"管理模式，给全市新型社区建设与管理提供了范本。

和谐社区建设与管理

加强和创新社会管理是解决社会问题、化解社会矛盾、构建和谐社会的重要举措，在社区建设中探索和谐社区建设与管理，是实现社区居民自我服务、自我教育、自我管理、自我监督、自我发展和表达诉求、维护权益、化解矛盾的根本途径。金堂县赵镇目前有社区13个，其中涉农社区5个，城市社区8个，小区院落总数400多个，为进一步探索完善和谐社区建设，金堂县委宣传部、县社会办和县社科联合举办了"和谐社区建设与管理"学术沙龙。来自县委宣传部、赵镇的相关领导和十里社区、三江社区、梅林社区等的负责同志十余人参加了此次学术沙龙。

本次学术沙龙由赵镇党委书记易志坚主持，金堂县委常委、宣传部长付敏首先作了主题发言。付敏总体上介绍了金堂县基层社会管理体制改革的相关措施并结合目前正在实施的城乡社区院落整治作了详细说明。付敏强调，县城赵镇由于城市发展规模的不断扩大，城市人口多，人员流动较为复杂，老城区与新城区并存，县城境内建有大量安置小区、农民集中居住区，有相当一部分农民要经历向社区居民的角色转变，在这个过程中，一个好的社区建设就显得尤为重要。社区建设和谐发展可以丰富广大社区居民的精神文化生活、化解邻里矛盾、实现安居乐业。因此，希望大家围绕如何构建和谐社区建设与管理展开讨论。

赵镇党委书记易志坚认为，社区是社会的有机细胞，促进社区和谐是构建和谐

社会的重要保障。在和谐社区建设上要突破难点、突出重点，在实施上可以从三个方面开展：一是突破重点，强化安置区域的社会建设工作，在安置小区管理上出重拳，创新机制，集成措施，争取实现率先突破。二是要重点突出，推进群众共建共创共享。三是以文化人，发挥社会组织的积极作用。

随后，县社科联副主席史国忠、宣传部副部长张清、赵镇人大主任钟华、赵镇党委委员肖钧、县社会办陈学仕、杨柳社区主任叶家永、三江社区书记韩英、梅林社区书记徐东等同志均结合自己对社区建设和管理的理解和工作经历，谈了自己对和谐社区建设和管理的认识。讨论会气氛积极热烈，意见和建议中肯，具有很强的操作性。

最后，付敏在讨论会上指出，和谐社区建设是一项长期性、系统性的工作，是关系广大群众安居乐业的大工程，是构建社会和谐幸福的重要途径。就下一步社区建设工作，她要求重点突出三个方面：一是强基础，即社区基础设施建设、社区管理机制建设、社区物业管理创新；二是抓导向，即抓好群众主体意识、市场观念的导向；三是促提升，就是要积极探索社会组织与志愿服务在社区自治管理方面的新结合，提升社区自治管理效能。

领导干部应具备的媒介素养

2012年2月7日，由成都市社科联、中共成都市委党校和成都日报社联合主办，市委党校系统邓小平理论研究会承办的主题为"领导干部应具备的媒介素养问题研究"的学术沙龙活动在三圣乡举行。来自市工商局、市环保局、市统计局、市纪委、市政府法制办、市委台办、市广播电视和新闻出版局、市公安局、市体育局的相关领导，高新区、青白江区、成华区、彭州市、锦江区、大邑县、浦江县等区（市）县的部门领导，市委党校及崇州市委党校专家学者共30人，就"领导干部应该具备什么样的媒介素养"的问题进行了热烈的讨论。本次学术沙龙由中共成都市委党校文史教研部郑妍副教授主持。

成都市纪委法规室主任赵明国，市政府法制办公室副主任周新楣，市广播电视和新闻出版局党办主任杨昕，市公安局交警二分局分局长肖润君，锦江工商局执法分局局长刘冬，大邑县县委常委、宣传部长杨亚群及彭州市委常委、统战部长、总工会主席尧敏双，成华质监局稽查大队长宋军等同志均作了主题发言，就当今领导干部应该具备什么样的媒介素养进行了深入的分析和探讨。

一、怎样认识媒体和政府的关系

媒体和政府的关系一直是一个比较有争议的话题，对这一关系的认识切实影响着公务员对待媒体的态度。随着社会的发展和电子媒介的技术发展及广泛运用，当今社会已经成为了一个"地球村"，海量信息挤压着人们的时间和思维。媒体本身具有的双重属性使其既是社会公器，又有着逐利的企业本性，这必然会影响到政府和媒体的关系处理。与会者一致认为，现代政府应该充分认识到媒体在当今社会的巨大影响力，积极采取和媒体合作的态度，利用媒体传播政府信息，维护政府形象，增强政府公信力。

二、面对记者应该采取什么样的态度

在现在的社会环境下，随着中国对外开放程度的不断加深，各级政府从业人员和记者打交道的机会将会越来越多。特别是在突发性事件时，如果面对记者时处理不当，甚至还可能造成新的次生危机。因此，怎样处理和记者的关系是一个至关重要的话题。与会者普遍认为，面对记者时一定要首先把握好自己的心态，要正确面对记者，而不能开始就抱着敌对的情绪。如果自己的心态把握不好，总是认为记者就是来害自己的，就很难真正和记者进行沟通。

三、加强自身修养，增强信息传播效果

各级领导干部的镜头形象实际上代表着本单位及政府的形象，在媒体前展示出现代领导干部的优秀素养和良好形象，才能适应现代社会的不断发展，展示现代政府的积极形象。与会者均认为，现代领导干部需要不断加强学习，丰富内涵，提高自身修养。只有不断有意识地培养自身的各项能力和素养，才能始终在镜头面前呈现出从容大度，积极有效的政府形象，在不断变化的复杂社会环境中保持客观冷静，增强政府的信息传播效果。

与会者一致认为，随着媒介环境的不断变化，领导干部应该充分认识到媒体对于文化传播、环境监测及舆论引导等方面的巨大作用，积极和媒体合作，发挥媒体的监督作用，增强政府信息的透明度，不断促进规范性政府、服务性政府的建设和完善。大家普遍认为，领导干部应该具备文化、职业、政治和道德等方面的媒介素养。

法国法治与中国法治

为提高领导干部的法律意识，提升领导干部现代化国际化素质，中共成都市委党校法学部和国际合作交流部于2012年10月11日共同承办了以"法国法治文化与中国法治"的成都学术沙龙，邀请法国蒙彼利埃一大行政学院院长、法学院教授、公共法博士埃奇安先生给"法治政府与法治城市"专题班学员介绍法国法治文化等情况，成都市委党校法学部主任宁金和教授就中国法治作了专题发言。宁金和教授首先向大家介绍了此次主讲人埃奇安教授，并就成都行政学院与蒙彼利埃一大行政学院签订交流合作协议作了说明。

在随后进行的讲座中，埃奇安教授介绍了法国宪法、行政法、政治体制。埃奇安教授讲述了法国宪法委员会组成人员方面体现其政治机关的特征：任命法国宪法委员会成员时，不论是总统，还是参议院议长、国民议会议长都比较重视成员的政治经历，即使某人不是法律专家，也是可以成为宪法委员会的成员。宪法委员会成员资格就充分体现了该机构不注重法律专门知识的非司法性的一面。宪法规定宪法委员会成员的任命权也刻意保持总统、国民议会、参议院各方面力量的平衡，在总统、国民议会议长、参议院议长之间平均分配任命名额，经任命的成员有任期限制，而且不能连任，卸任的法国总统是宪法委员会的当然的、终身的、资格不可变更的成员，此规定更加明确了宪法委员会成员政治资历的重要性。而司法机关由法官组成，法官除具有法律专门知识外，还在任命程序、职务保障方面有特别的规定。

法国宪法委员会与其他国家机关的关系方面体现政治机关的特点：宪法委员会在处理争议时具有明显的倾向性，难于保持司法机关那种应有的独立地位。如在全民公决时，政府可以向宪法委员会进行咨询，宪法委员会"应当向政府提供有关全民公决的咨询意见"，而且仅仅是这种被宪法规定为是"咨询意见"的意见，也对政府具有一定的约束力，以至于"任何基于宪法委员会咨询意见所采取的措施应当通知宪法委员会"；当总统在依照宪法第十六条之规定需要行使紧急命令权之前，需要

向宪法委员会进行咨询，而且，法国的宪法委员会受政府的影响较大，如宪法委员会对立法事项是否合宪的审查，一般情况下要求在1个月内作出决定，而如果政府认为情况紧急，则宪法委员会应当在8天之内作出决定。可以看出，如果宪法委员会是司法机关，则其缺少司法机关必不可少的独立性。法国宪法委员会的工作程序方面体现政治机关的特点：司法机关在行使司法权时具有被动性，遵循"不告不理"的原则，即只有存在法律上的争议并由相应的当事人向法院提出解决争议的请求时，司法机关才可以行使司法权以解决争议。法国的宪法委员会却可以主动地介入有关事项，甚至是不存在法律争议的事项也可以介入。法国所理解的分权原则在本质上与美国并无区别，除强调立法权、行政权和司法权相互独立外，法国的法律理论认为普通司法机关行使的司法权不能干预立法权和行政权，否则便构成权力之间的相互侵犯。在历史上，由于法国的普通法院站在专制权力一边，阻碍近代民主制度的形成，资产阶级革命取得胜利后，政府和公众对普通法院的监督持怀疑态度，并且对法院干涉行政权存有戒心，反对普通法院审理行政案件便是这一背景的产物，行政诉讼由在性质上属于行政机关的行政法院审理，进而排除了普通法院审查属于主权者意志表现的议会立法的合宪性。

埃奇安教授就裁决国际条约的合宪性作了详细解释：根据法国宪法的规定，宪

法委员会有权就国际条约是否合宪作出裁决。某一国际条约签定之前，应总统、总理、国民议会议长、参议院议长的请求，宪法委员会可以审查该条约是否含有与宪法相违背或修改宪法的内容，如果存在，则在签署该条约前，应当按照修宪的规定修改宪法，使宪法的内容适应国际条约的内容。而不是要由国际条约来适应宪法的规定，因为宪法第五十四条规定"依法批准或者认可的条约或者协定，自公布后即具有高于各种法律的权威"。1992年马斯特里赫特条约的签署之前，宪法委员会于1992年4月9日作出的需要修改宪法的决定，依此裁决，法国于1992年6月23日修改了宪法，此后马斯特里赫特条约获得了签署。但是，宪法委员会并不负有保障国际条约的这种效力不受国内法影响的义务。宪法委员会曾在1975年被要求审查一个关于禁止堕胎的法案的"合宪性"，因为它违反了《欧洲人权公约》的内容，但是宪法委员会以它无权审查议会立法是否与国际条约的规定为由拒绝了此请求。即宪法委员会只在条约签定之前审查条约与宪法是否相符，一旦条约已经获得了签署，则保障条约在国内得到实施不是宪法委员会的职责而是其它国家机关的职责。

此外，埃奇安教授还讲授了总统制、地方制度和公务员制度：法国总统制，其特点是：总统由普选产生，任期7年，连选连任。总统权力很大，是国家权力的核心。宪法规定，总统通过自己的仲裁，保证公共权力机构的正常活动和国家的稳定；总统是国家独立、领土完整和遵守共同体协定与条约的保证人。总统除拥有任命高级文武官员、签署法令、军事权和外交权等一般权力外，还拥有任免总理和组织政府、解散国民议会、举行公民投票、宣布紧急状态等非常权力。政府是中央最高行政机关，对议会负责，其权力和地位比以前大为提高。除拥有决定和指导国家政策、掌管行政机构和武装力量、推行内外政策等权力外，还享有警察权和行政处置权、条例制订权和命令发布权。总理由总统任命，领导政府的活动，对国防负责，并确保法律的执行。实际上总理须听命于总统，起辅佐总统的作用。政府成员由总理提请总统任免。议会由国民议会和参议院组成，其地位和作用较第四共和国有所下降，原拥有的立法权、预算表决权和监督权三大传统权力受到总统和政府的限制。如议会的立法内容和范围缩小，弹劾权受到严格的规定。议会无权干预总统选举和总理的任命。地方制度：实行中央集权制。20世纪80年代权力下放，增设大区，地方政府由原来的省、市镇两级变为大区、省和市镇三级。通过改革，取消了中央对地方的监护，加强了地方议会的自治权，从而改变了数百年来的高度中央集权，缓解了高度官僚集权的弊害。公务员制度：五共和国进一步完善了公务员制度。它对第四共和国的《公务员总章程》作了修改和补充，并制订了专门的章程。这些章程把文官的考试、录用和培训结合起来。

宁金和教授认为，法治不只是一种宣传，更是一种正义、科学、文明的选择，是一种强国之略。法治立国、法治稳国、法治救国、法治强国，是人类文明发展的经验总结。1949年9月29日，中国人民政治协商会议第一届全体会议通过了《中国人民政治协商会议共同纲领》。这部起临时宪法作用的建国纲领，为中华人民共和国的成立提供了合法依据。1954年9月20日，第一届全国人民代表大会第一次会议通过了《中华人民共和国宪法》，它以根本大法的形式确立了我国的政治制度和经济制度。宪法体现了尊严、规则、法治等社会共同体的基本价值，是实现科学决策、民主决策的规范基础。现行宪法颁布三十年来，经过四次修改，尊重宪法开始成为国家的基本价值观，但总体上看，宪法的权威还没有完全树立起来。尊重宪法、维护宪法还没有成为全社会的自觉行动。依法治国首先要依宪治国，依法执政首先要依宪执政。我们要强化宪法在社会治理中的地位和重要性，在制定政策、做出决策和推行政策、执行决策时必须考虑民众的权利诉求，按照宪法和法律、法规规定的程序和标准处理问题，做到公平、公正、公开，经得起公众的质疑和批评。在全社会大力弘扬社会主义法治精神，对全面贯彻落实依法治国基本方略、建设社会主义法治国家具有基础性作用，必须把加强宪法和法律实施作为弘扬社会主义法治精神的基本实践，不断推进科学立法、严格执法、公正司法、全民守法进程。

大家就两国有关问题进行深入探讨，会场气氛活跃。这次学术沙龙活动，是中共成都市委党校首次邀请国外学者与主体班学员一起就一个主题进行深入交流和互动讨论，也是教学形式的一次新探索。在互动环节中，学员对讲座内容积极思考，踊跃提问，内容涉及广泛，不仅有如何理解法国政体、公社，还有法国的三权分立，如何遏制腐败等一些尖锐的问题。对这些问题，埃奇安教授一一做出了翔实的回答，他幽默的语言也不时引起了大家的笑声。国际合作交流部主任李代芸教授对本次讲座做了精彩点评，这次学术沙龙活动是首次邀请国外学者与主体班学员一起就一个主题进行深入交流和互动讨论，也是新教学形式的一次新探索。

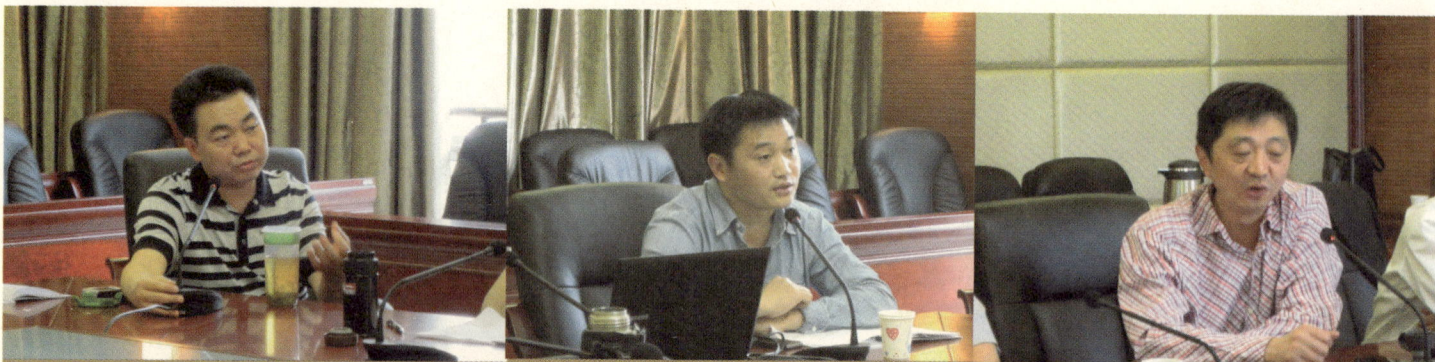

领导干部如何面对媒体

2012年4月27日，由成都市社科联、中共成都市委党校和成都日报社联合主办，市党校系统邓小平理论研究会承办的主题为"领导干部如何面对媒体"的学术沙龙活动在成都市委党校会议室举行。学术沙龙特别邀请了成都传媒集团党委副书记、广播电视台台长夏旗舰作了主题发言，并同时邀请市公安局、市中级人民法院、市台办、市工商局、市档案局、市农委、市国土资源执法监察支队、市统计局、市纪委、市文化局、市工商联，青羊区检察院、高新区经贸发展局、金牛区人大相关单位的领导，以及成都市委党校的部分专家学者共25人参与，就"领导干部如何面对媒体"等问题进行了深入的探讨和交流。本次学术沙龙由中共成都市委党校文史教研部郑妍副教授主持。

现代社会的发展变化给政府官员媒体沟通能力提出了越来越高的要求，政府官员在维护社会稳定、处理危机事件等焦点问题上所采取的积极措施和社会效果最终都会在媒体上集中进行体现。因此，不断深化对媒体的认识，提高与媒体打交道的能力是现代领导干部面临的实际问题。

媒体具有社会公器和产业发展的双重属性，媒体的新闻传播有其特殊的新闻传播规律。领导干部应该认识并尊重媒体发展和运作规律，传播信息时要尽量用最快的速度解决媒体最基本的信息诉求，避免媒体发布不真实的信息。

领导干部处理和媒体的关系时要树立和媒体合作的观念，而不是抱着和媒体对立的态度。媒体除了监督责任外还具有环境监测的功能，可以为政府了解社会现状、公众意见搭建平台，为政府决策提供参考和依据。现代社会公众对事件知情权的维护和渴望与日俱增，政府在面对事件时如能采取积极和媒体合作对态度，及时向媒体发布真实全面的权威信息，反而可以利用媒体的特性发出主流声音，让民众了解真相，避免不实小道消息的无序传播，造成更重大的次生事件。

领导干部要理解媒体的双重属性，理解媒体寻找新闻的迫切性，要善于和媒体合作。尤其是对于新闻发言人而言，要尊重记者，在面对某些冲突性强烈的场面时仍然要保持发言人的底线原则，维护自身政府代言人的良好形象。

领导干部在面对新闻媒体报道中对局部细节失实和偏差情况时要有容忍心，要

焦点引导到政府发布的信息上。

信息发布要注意时间节点的选择，要针对媒体的传播特点，争取第一时间占据媒体的节目传播平台。信息发布时要注意主动把信息传达给媒体，而不能让媒体追着问，要变被动为主动。尽量做到政府声音在前，媒体随后跟进，这样才能更好地把控舆论走向。

尽管目前社会公众在面对突发事件时会对政府产生质疑，但究其到底，公众仍然会关注政府的举措和动态。成都电视台的《成视新闻》节目收视率一直排名靠前就是其中例证。因此，面对突发事件时，政府要强化信息发布的力度和方式，甚至可以利用媒体对自己的信息进行润色，使其能够更能符合媒体的传播规律，取得更好的传播效果。

注意和媒体的沟通，共同在以后的报道中巧妙加以更正，挽回影响。尽量避免站在媒体的对立面严加指责，否则有可能形成和媒体的对立，形成新的舆论关注热点。

政府在和媒体的合作中尽量给媒体提供必要的帮助，争取媒体记者的理解，避免舆论失控现象的发生。与会者也就当前的典型事例和热点问题进行了交流和研究，对于领导干部如何直面媒体的技巧和能力也开展了深入的探讨，尤其是面对突发事件时更是要注重媒体沟通的技巧和方法。

突发性事件的特殊性使社会对事件的关注度非常高，尤其是在事件发生初期，领导干部在面对媒体时更要注重媒体沟通的技巧，要做到"事前热、事后冷"。事前热是指事件刚刚发生时要尽量把媒体应急预案做得更加细致和周到，要把最坏的可能性考虑进去，并设想应对的方案，预案准备越充分，面对媒体时就会更加从容，而不至于手足失措。

事后冷则是指面对媒体炒作时要冷静处理，不要聚焦于与媒体在事件细节上进行拉锯战，这样反而可能造成新的关注热点。要想方设法设置热点，把媒体的关注

2012年3月16日，由青白江区委宣传部主办，青白江区社科联、区委外宣办承办的"以花为媒，搭车主题宣传"沙龙活动在福洪乡杏花村举办，中新社、《华西都市报》、《天府早报》、四川电视台新闻资讯频道"新闻现场"、《成都日报》、《成都晚报》、成都电视台"联播大成都"、成都电视台经济资讯服务频道、《新城快报》、成都全搜索、四川新闻网等中央、省、市媒体记者近20人参加了活动。

以花为媒　搭车主题宣传

青白江区委宣传部常务副部长吴三洪首先介绍青白江区春季宣传特别是节会活动主题宣传的总体思路，紧密结合青白江区开创"五区"发展新局面，建设富裕文明和谐幸福青白江的发展战略，以花为媒，做大做强樱花节、杏花节等各大花节活动，进一步扩大青白江在国内国际的知名度和影响力，营造发展良好环境。

《华西都市报》首席记者刘健表示，非常乐于与区市县合作，对区市县特色工作及大型活动的宣传，愿意提供版面支持。且重点关注"北改"、交通先行战略，并将推出系列文章。

成都全搜索执行总监赵郁蒙表示，新媒体的试点运营，通过与电信、移动、联通等运营商的合作，以区市县作为发送区域，推出电脑屏幕绿色弹框、手机报等点对点政务信息发布平台，面向区市县的全部党政机关、社会团体、企事业单位、街道、社区及所有家庭，推送区市县范围内的时政新闻以及全国、省、市的重点社会新闻和民生新闻。

《成都日报》首席记者陈泳表示，加强信息交换，明确宣传要求，需求要明确并且应紧跟省市步伐，栏目挂钩。

《天府早报》记者陈昊表示，建议尽快组建青白江区传媒中心，推出新闻专题试点，与省市传媒新闻中心对联，及时交换，加快信息更新。

区委宣传部常务副部长吴三洪总结道，在宣传过程中，要取得良好的成效，我们要注意方式、方法，必须要有策略。首先，我们要拓展新媒体试点。其次，我们要加强信息沟通，取得各大媒体的大力支持。下一步，青白江区委宣传部还将根据收集到的各方面意见和建议，深入研究，进一步完善我区重大活动项目的宣传方案，为我区在创先争优活动中全面实现"基层组织建设年"各项目标要求打下坚实基础，为我区"五区"建设和"稳中快进、竞飞赶超"提供坚强的宣传保证。

创新社会管理
统筹城乡发展

存在的薄弱环节和原因分析及对策建议等问题进行了深入的交流研讨。大家一致认为,在深入实施"两化"互动、统筹城乡发展战略的大背景下,进一步加强和创新社会管理的研究与探索意义重大。成都统筹城乡综合配套改革8年多来的历程,既是"两化"互动、统筹城乡发展战略的生动实践,更在加强社会建设和创新社会管理方面积累了成功经验。青白江区积极贯彻落实中共中央、国务院《关于加强和创新社会管理的实施意见》,市、区《深化社会体制改革加快推进城乡社会建设的意见》和《深化社会体制改革加快推进城乡社会建设五大实施纲要》,全面推进健全社会规范体系、城乡基本公共服务均衡发展机制、城乡社区治理机制、社会组织发展和公民志愿服务机制、社会矛盾疏导和化解机制五大重点工作,在基层治理、民情

2012年8月4日,由成都市社科联、中共成都市委党校、成都日报社主办,成都市党校系统邓小平理论研究会、青白江区委党校联合承办的"加强和创新社会管理研究"成都学术沙龙活动在青白江区委党校举行。青白江区部分乡镇(街道)、区级部门领导干部代表、区委党校教研人员共60人参加活动。学术沙龙由青白江区委党校常务副校长刘越主持。

沙龙紧紧围绕省、市、区深入实施"两化"互动、统筹城乡发展战略工作会议精神的贯彻落实,以加强和创新社会管理为研究方向,对统筹城乡发展相关问题进行深入研究,梳理青白江区在实践探索中取得的典型经验,分析总结目前存在的难点问题,提出具有针对性的意见和建议,力求做到理论与实际相结合,切实服务地方党委政府决策与党校教学。

与会代表围绕青白江区加强和创新社会管理有益探索、鲜活案例和成功经验,

畅通、大调解、社会矛盾化解、法律援助、民生保障及公共服务等方面积累了鲜活经验,为进一步深化社会体制改革,加快推进城乡社会建设打下良好基础。

针对青白江区在社会管理功能、社区公共服务、社会组织培育等方面存在的薄弱环节,与会代表提出:推动乡镇(街道)把工作重心转移到社会管理服务上来;建立健全政府投入的长效机制;推进全域成都户籍制度改革;建立新型社区管理体系;强化城乡社区社会管理服务功能;小区基本公共服务规划前置;发挥基层党组织、群众组织、企事业单位在社会管理服务中的作用;大力培育和扶持社会组织以及创新矛盾化解机制等对策建议。力争用5年时间,在逐步理顺政府、市场、社会三者关系的基础上,探索构建在党的领导下,政府充分发挥服务和引导作用,社会自我调节,群众自治管理,规范有序又充满活力的社会体制,大幅度提升社会文明程度和群众幸福水平,真正实现"宜人和谐幸福区"的奋斗目标。

研讨皮肤疑难病案

2012年6月20日，由成都市社科联、成都日报社、成都卫生经济学会主办，成都中西医结合学会承办的以"皮肤疑难病案研讨"为主题的成都学术沙龙在成都市芙蓉饭店学术厅举行。

据世界卫生组织（WHO）、国际皮肤病联盟、中国皮肤病协会等皮肤研究中心的统计结果表明，目前全球病理皮肤患者已达4亿，而四川省抽样调查发病率也高达5.8%，相对落后的城市村镇的病理性皮肤患者，尤其是偏远村镇占了6~7成，这些患者当中差不多有1/3是青少年儿童。据中国首家病理皮肤科研究院赵元教授介绍，最近几年病理性皮肤患者已波及31个省、自治区、直辖市，病例报告数呈明显上升趋势，且发病年龄呈年轻化状态，甚至在新生儿当中病例报告也在上升。而病理性皮肤的形成原因是比较复杂的，一般来说是受生活环境的影响，偏远地区由于生活水平相对低下，生活设施不健全，发病率也就偏高。对于病理性皮肤病的防治，正确的临床诊断是治疗的关键。

为了提高成都地区病理性疑难皮肤病的诊治水平，成都市卫生经济学会组织成都地区著名治疗皮肤性疾病专家，对各家医院出现的疑难病案进行学术研讨交流。会上，四川大学华西医院、四川省皮肤性病研究所、成都市皮肤性病研究所、成都军区总医院以及成都市各级医疗机构近20家的皮肤病专家在会上进行了发言。

针对疑难皮肤病，专家们根据以往的经验及临床检测报告，提出了有针对性的意见建议。这是近年来学会响应成都市社科联的号召，举办了多场次、形式多样的学术沙龙其中的一个。专家及广大的医务工作者也非常赞同这种以沙龙研讨的形式举办的学术活动，并希望能在沙龙上充分表达各自的观点，达到求同存异，提高成都市皮肤疑难病案的诊治水平。

彭州市推动灾区党性教育基地建设

2012年12月16日，由成都市委宣传部、市委党校、市社科联共同举办的彭州市极重灾区党性教育基地建设学术沙龙在彭州市委党校会议室召开。本次沙龙由成都市委党校副校长张斌主持，成都市委宣传部、市委党校、市社科联相关同志参加。彭州市委党校常务副校长李少华介绍了举办"增进共识，凝聚力量，推动灾区党性教育基地建设"学术沙龙的背景、宗旨与意义；转达了彭州市委宣传部曹建春部长希望通过此次活动和全体同志的多方努力、共创良好学术氛围的思想，并表达了对此次活动如何开展的建议和期望。

李少华同志传达了四川省委组织部副部长、省委编办主任王川同志《在四川省极重灾区党性教育现场教学基地开发建设工作会议上的讲话》精神，介绍了赴井冈山、延安干部教育学院参加四川省地震灾区领导干部党性教育专题培训的情况，通过短短几天的培训，感受颇深，受益匪浅。重温革命历史，坚定理想信念；缅怀革命先烈，端正思想作风；传承革命传统，发扬革命精神；感悟老区巨变，努力拼搏奋斗，交流了自己的学习心得。比较了彭州市党性教育基地存在的差距（硬件不足、软件不足），提出了下一步工作的整改措施：一是继续充分挖掘宝山、白鹿、小鱼洞三个点位抗震救灾和灾后重建的典型事例，加强硬件和软件的开发建设力度，形成具有独特性和差异性的彭州特色党性教育现场教学基地。二是进一步提升和深化白鹿、小鱼洞和沿线解说词，加强对解说员队伍的培训，进一步提高解说水平。三是进一步挖掘典型人物事迹，提升人物事迹传的编撰水平，增强感染力。四是对党性教育专题片进行修订和深化，进一步提高质量。五是规范教材的编撰，提升理论高度，进一步开发高质量的培训教材。六是加强教学点位解说员队伍的管理，保持队伍的稳定性。七是认真研究专题片、党性教材、现场解说词和人物事迹传，避免要素重复使用。

彭州市委党校研究室主任、讲师刘应其以"完善治理机制 创新社会管理"为题的报告，从背景（统筹城乡发展、新农村建设、"四大基础工程"）、面临的困难和挑战（长期以来农村基层治理上存在的问题、灾后重建带来农村基层治理上的新矛盾、新型社区管理面临的新挑战）、探索与实践（构建"131N"新型村级治理机制、探索新型社区管理模式、构建社会矛盾纠纷大调解体系、完善基层治理机制创新社会管理的初步成效）等几个方面，对极重灾区党性教育基地党性教材开发建设进行了详细阐述。

彭州市委党校研究室讲师万国雄以"挖掘异域文化发展特色小镇"为题，从中法风情小镇的由来（白鹿镇名的由来、中式风格、法式风情）、建设中法风情小镇的文化根源和历史机遇（异域文化的禀赋、圣母院、下书院、上书院、中法桥旅游发展具备天时地利人和）、白鹿灾后重建成果给我们的启示等几个方面，进行了论述（解放思想是关键、科学发展观是指引、城乡统筹是路径、基层组织是保障），提出了见解。

彭州市委党校高级讲师罗粒同志以"感悟宝山村，开拓新思路，推动党的事业新发展"为题，从坚持不断加强党的组织建设，拥有坚强领导核心和致富带头人；坚持不断丰富和完善"宝山精神"与时俱进，抢抓机遇加速发展（自力更生、艰苦奋斗的创业精神，团结一致、同心奉献的集体主义精神，勇于开拓、敢为人先的创新精神，尊重知识、求真务实的科学精神）；坚持走共同富裕道路，凝聚人心，共创辉煌共享成果等方面，进行了阐述。

李少华作了总结发言，对本次沙龙的内容选择、组织形式、讨论效果、各位同志的学术水平给予了高度肯定和评价，希望以后多进行交流，无论在什么岗位都要加强党性修养，永葆共产党员的本色。

创新社会社区管理

2012年12月13日，由成都市委宣传部和成都市社科联主办、郫县社科联和郫县安靖镇人民政府承办的成都社会科学年度论坛科普活动"创新社会建设管理"学术沙龙在郫县安靖镇雍渡村开展。郫县社科联秘书长肖诗杰，安靖镇党委副书记、纪委书记王勇，党委委员、副镇长叶大忠，安靖派出所雍渡村驻村民警杨盛林、冯琼传，雍渡村支部书记叶乐强、村主任易先刚，村党支部副书记杨靖，妇女主任李莉，会计朱彬，支部委员、社管中心副主任叶尚林，治保主任林涛，巡逻队员汤学军，雍渡村老年支部书记王友全，雍渡村支部第三小组长赵何其，流动党员代表李旭光以及企业代表近20人参加了活动。沙龙由镇党政办主任邓学周主持。

与会人员围绕社区管理中涉及的治安、经济、制度等方面分别发言，重点针对如何提高管理人员素质、破解人员经费紧张、发动公众主动参与等难题进行了深入而切合雍渡村实际的讨论。

加强和创新社会管理是继续抓住和用好我国发展重要战略机遇期、推进党和国家事业、构建社会主义和谐社会、维护最广大人民根本利益、提高党的执政能力和巩固党的执政地位的必然要求，对实现全面建设小康社会宏伟目标和党和国家长治久安具有重大战略意义。近年来，雍渡村按照党委领导、政府主导、社会协调、公众参与的要求，结合本村辖区内流动人口多、产业布局复杂、社会治安压力大、社会管理难度大的实际，本着"以人为本、共创共享"的理念，以强化基层组织建设为抓手，以不断增强群众安全感、幸福感为主线，积极构建服务完善、管理高效、和谐稳定的社会管理服务体系，采用发扬民主、广泛征求民意、主动"三务"公开、充分发挥党员的先锋模范作用等办法，成功探索出雍渡社区管理模式。

雍渡村主任易先刚认为，雍渡村结合本村辖区内流动人口多、产业布局复杂、社会治安压力大、社会管理难的实际，采用发扬民主、广泛征求民意、主动"三务"公开、充分发挥党员的先锋模范作用等办法，

成功探索出雍渡社区管理模式。首先是创新管理机构，搭建与社区居民沟通平台；第二，创新服务载体，构建网格化管理服务体系；第三，创新管理措施，形成社区安全防范大联动。

驻村民警杨盛林认为，具体创新管理上一是网格化管理，落实专人负责，治安、社区、生产队各负其责；二是楼栋长制度，有报酬年终有奖励，积极性很高；三是夜间封闭管理。

流动党员代表李旭光认为，应该进一步坚强排查，加强防备；加强基层党组织建设，发展优秀人员入党；对外来租房者进行督察，同时加强素质的提高。

雍渡村支部第三小组组长赵何其认为，现在的社区管理，不能只靠治安队员，要村民（包括外来人员）大家齐心协力才整能治好。

支部委员、社管中心副主任叶尚林认为，加强内部的管理首先是不容许吃拿卡要，以免造成不良影响，要强化素质的提高，和企业打交道要人性化管理。

村支部书记叶乐强认为，在工作中我们也面临一些阻力，如群众不理解、经费不足等，还有一些媒体不实报道。要积极探索新的管理模式，在整个实施的过程中，造福群众，让他们生活得快乐、健康。

安靖镇（挂职）副镇长叶大忠认为，创新社会建设管理是个新鲜的课题，雍渡村效果明显，在宣传上更进一步深入人心，争取各级的支持，特别是老百姓的支持。掌握基本情况，把流动人口进出数据情况摸清。

安靖镇党委副书记王勇认为，要从组织建设上下工夫，重要一点是发挥流动党员支部的作用一定做实，结合党员的发展，吸收外来积极分子入党。

安靖镇党政办主任邓学周认为，加强和创新社会管理，根本目的是维护社会秩序、促进社会和谐、保障人民安居乐业，为党和国家事业发展营造良好社会环境。社会管理的基本任务包括协调社会关系、规范社会行为、解决社会问题、化解社会矛盾、促进社会公正、应对社会风险、保持社会稳定等方面。做好社会管理工作，促进社会和谐，是全面建设小康社会、坚持和发展中国特色社会主义的基本条件。通过努力和实践，当前雍渡村呈现出管理有序、治安好转、群众满意、安全稳定的良好局面，但离上级要求和群众的期盼还有一定距离，还需要在提高管理人员素质、破解人员经费紧张、发动公众主动参与等方面的难题上加强研究；同时结合大家提出的意见和建议，尽快形成一套更好的管理办法和更有效的工作机制。

推进城乡幼儿教育均衡发展

　　为了推进彭州市城乡幼儿教育均衡发展，彭州市教育学会、彭州市教育局教研室紧密依托南幼幼教集团，以提升幼教教学活动水平为突破口，于2012年12月14日在彭州市升平镇中心幼儿园举行了为期一天的教学研讨活动。市教育局党组成员陈萍，市教研室主任黎云国、教研员徐兰静，市教育局幼教科科长杨丽、副科长江艳，市教育学会会长张芳德、《彭州教育》副主编贺朝发，市社科联副主席张锦云以及南幼集团成员园隆丰镇、通济镇、清平镇、红岩镇等11所中心幼儿园园长和部分教师50余人，参加了研讨活动。

　　研讨活动采取现场教学观摩与理论探讨结合的方式进行，既务虚又务实，促使活动取得良好的预期效果。参加此次活动的领导、教师，首先观摩了升平镇中心幼儿园教师根据幼儿身心特点创编的徒手操和器械操。操场上，全体幼儿教师与幼儿一道，随着节奏鲜明、悦耳动听的欢快乐曲运动，活力溢满整个校园。接着，参加研讨活动的领导、教师认真观摩了升平中心幼儿园教师余娟和南街幼儿园教师边婧分别精心设计的具有导向价值的科学活动课《有趣的磁铁》、《酸、甜、苦、辣》。两节科学教学活动课都遵循了幼儿的认知特点和幼儿教学规律，彻底摆脱了幼儿教学小学化的陈旧模式。整个教学活动，教师都以贴近幼儿心理特点的多种形式、方法与手段，并恰当引入现代教育方法，引导全体幼儿参与学习过程，促使幼儿在玩中学、动中学、思中学，不仅学到了相关的科学知识，而且有助于培养幼儿观察能力、实践动手能力和语言表达能力，使参与观摩的同志都受到了深深的启迪。

现场观摩结束后，与会同志紧密结合"城乡幼儿教育均衡发展"这一主题展开了深入研讨。南幼集团的11所成员园都从不同角度和侧重点作了发言。升平镇博爱小学副校长夏小燕以"享受抱团温暖，体验成长快乐"为题作了中心发言。夏校长阐述了升平镇中心幼儿园在南街幼儿园的引领下，成功走过了自主探索，摸索前进；抱团发展，快速前进；集团引领，和谐共进三个阶段，着重阐述了在"龙头园"——南街幼儿园的引领下，升平镇中心园合理定位，确立了符合镇情的办园发展目标，同时通过了现场观摩、交流互动、自主构建、跟进指导、活动展示等多种形式和途径，有力地促进了与南街幼儿园办园水平的同步提升。

南街幼儿园园长刘晓清以"示范辐射，结伴成长"为题作了重点发言，深入中肯剖析了彭州市乡镇中心幼儿园在灾后重建之后的现状及薄弱环节。为了推进城乡幼儿教育均衡发展，各乡镇按照市教育局的安排部署，成功组建了幼教集团，运用示范园的引领模式，在各乡镇置办了中心幼儿园，共享优质教育资源，由办学条件优越的"龙头园"领办乡镇幼儿园，组建了幼儿园发展共同体，有效地促使乡镇幼儿园从接受"输血"到自主"造血"，初步实现了农村中心幼儿园办园质量的大幅度提升。实践证明，彭州市采取组建幼教集团，共谋发展的模式已收到了初步成效：一是优质教育资源得到了拓展与增效，二是集团园加快了发展与提速，三是推进了名园的成长与变革。

彭州市社科联副主任张锦云、市教育局教研室主任黎云国、市教育学会会长张芳德对本次研讨活动作了总结发言，充分肯定了这次研讨活动主题突出、形式多样，收到了预期的效果，这次研讨为推进彭州市城乡幼儿教育均衡发展打开了一扇窗口，搭建了一个坚实的平台。通过不懈努力，定将开创出彭州市幼儿教育均衡发展的崭新局面。

领导干部媒体形象研究

2012年5月25日，由成都市社科联、中共成都市委党校和成都日报社联合主办，市党校系统邓小平理论研究会承办的主题为"领导干部的媒体形象研究"的2012年成都社会科学年度论坛的精品学术沙龙活动在成都市委党校会议室举行。学术沙龙邀请了市委组织部、市纪委、市检察院、市规划管理局、市发改委、市经信委、市民政局、新都区人民政府及部分区（市）县相关单位的领导参加。本次沙龙就成都市领导干部应该具备什么样的媒体形象进行了讨论，研讨内容围绕如何认识当今社会政府和媒体的关系、如何树立领导干部在媒体面前的积极形象、面对突发性事件应该怎样进行媒体沟通以及建立与媒体恰当的关系等问题展开。本次学术沙龙由中共成都市委党校文史教研部的郑妍副教授主持。

与媒体打交道是现代领导干部必须要掌握的技能。领导干部在与媒体接触时的态度和话语分寸，对相关事件的顺利推进具有重要的作用，因此，领导干部应当适应时代需要，通过各种方式的学习，在媒体面前树立正面的、积极的形象。

领导干部在媒体面前要树立实事求是、认真谨慎的形象。领导干部由于其特殊的身份，所述言论代表的是政府的意见和立场，在与现代媒体打交道的过程当中，要注意公布的情况一定是反复审核的事实，公布的数据要尽量准确并经过核实。领导干部与传媒打交道，代表的是党和政府，一定要注意言语的分寸。

领导干部在接受媒体采访时要准备充分，树立胸有成竹的形象。传媒是现代社会不可缺少的一部分，领导干部要去除面对媒体的畏难情绪，要了解媒体，了解媒体的工作流程，在不违反原则的范围内，尽量为媒体和媒体记者提供足够的信息量，并在这些信息的发布过程当中给媒体树立正确的舆论导向，使事件朝着积极的、有利于民众的方向发展。在与媒体接触的过程中，领导干部还要注意自己的外在形象，在着装上要大方得体，在语言上要简洁明了，在肢体动作上要符合国内外的通行规则，以此更好地和媒体、和民众沟通。

领导干部对媒体记者要树立谦和诚恳、亲民为民的形象。领导干部是人民的公仆，因此在与媒体接触的过程中，要切实考虑到人民群众的利益和感受，带着感情去说明情况。媒体记者在采访事件，尤其是采访突发事件时，可能会有一些偏激和冲动的情绪，领导干部要本着理解的心态，耐心向媒体做好解释工作，热心为媒体提供相关信息。

文学历史类学会工作沙龙

2012年6月28日，成都市社科联文学历史类学会工作沙龙在望江楼公园薛涛会议室举行。此次活动由成都市社科联主办，成都薛涛研究会和成都市望江楼公园承办。成都市社科联（院）党组成员、副主席阎星，市社科联学会学术部主任杨鸣、副主任李敏，市历史学会等11个文学历史类学会负责人、望江楼公园领导等共计17人参加了工作沙龙。市历史学会、市党史研究会、市诸葛亮研究会、市地方志协会、古都学会、成都毛泽东诗词学会、易学研究会、市民俗文化研究会、市杜甫学会、市国学学会、薛涛研究会等11个学会的负责人先后汇报了2012年工作要点及学会工作开展情况。成都市社科联领导阎星希望各学会以小组会议的形式，互相交流，资源共享。他还认为，学会要抓好三点工作：一要抓好组织建设，理顺人员关系，各司其职，以便把学会的工作积极开展起来；二要抓好活动，通过活动进行组织宣传，保持学会的活力，宣传学会的主张、精神和理念；三要抓好基础建设，要将学会的各种资源积累起来，综合整理，把资源体系建立起来。社科联学会部主任杨鸣认为，工作沙龙是一个很好的平台，希望各学会通过这个平台交流先进的工作方法，开拓思路，把学会的工作做得更好。各学会都对社科联开创工作组制度表示赞赏，希望工作组制度行之有效，并长期、稳定地坚持下去。此次沙龙活动对各学会解决工作中遇到的难题都有一定启发，有利于各学会开拓工作思路，形成交流合作机制，有利于各学会互相学习，相互合作，共同发展。

拓展行政执法领域　提高执法办案技能

2012年7月6日，由四川省工商局、成都市工商行政管理局联合举办的"成都市工商局执法办案骨干培训需求调研座谈会"在成都市工商局召开。四川省工商局竞争执法处、经济检查总队、四川省工商局干校负责人，成都市工商局执法局以及高新工商局、青羊工商局等执法分局领导和部分基层工商所长30余人参加了会议。成都市工商局党组成员、机关党委书记、工商学会常务会副会长周晓到会并讲话。

会上，来自一、二圈层的执法办案骨干结合基层执法办案工作的实际需求，分别提出了在打击网络传销、电子商务欺诈执法、反垄断执法、不正当竞争执法、商标侵权执法、合同监管执法、食品安全执法等新型执法领域遇到的热点、难点问题以及执法办案工作中的疑惑问题，需要从行政执法的法律依据、办案程序、调查取证技巧等方面进行创新性培训，努力提高全省工商执法人员的办案技能，有效提升依法行政效能。四川省工商局竞争执法处和经济检查总队负责人对当前积极拓展行政执法领域，努力提高执法办案技能的培训需求调研工作提出两点建议：一要增强培训对象的针对性。要针对不同的培训对象分层次、分地域、分批次进行培训。二是要强化培训方式的实用性。既要突出培训的内容，重点在研究新型法律法规上下工夫，又要突出办案技能的培训，要通过多形式、多渠道、多内容的针对性培训，努力提高全省工商执法人员办案水平及办案能力，提升依法行政的效能，树立良好的执法形象。

政务微博对政府形象的塑造

2012年10月26日，由成都市社科联、中共成都市委党校和成都日报社联合主办，市委党校系统邓小平理论研究会承办的主题为"政务微博对政府形象塑造问题研讨"2012年成都社会科学年度论坛党校分论坛的精品学术沙龙活动在成都市三圣乡举行。学术沙龙邀请了成都市政府应急办、市纪委、市检察院、市法院、市民宗局、市农林科学院、市农委、团市委、市投促委、市文化局、市工商局、市水务局、市人社局、市质监局、市国土局、高新区、大邑县及部分区（市）县相关单位的领导参加。沙龙围绕如何认识当前政府所面临的媒介新环境、微博在新媒体时代的作用和地位、政务微博对于今天政府积极形象塑造上具有什么样的意义、如何发挥政务微博的积极作用等问题展开。沙龙由中共成都市委党校文化建设教研部郑妍副教授主持。与会者一致认为，政务微博是政府信息发布、了解民意、汇集民智、多方互动沟通的重要平台，建设好、运用好、管理好政务微博，对于促进成都市实施"五大兴市战略"，建设"西部经济核心增长极"、构建和谐社会环境、有效引导网络舆论具有重要意义。要运用和管理好政务微博，首先要克服对网络舆论的畏惧、回避心理。了解学习并合理利用新兴传播手段，学会不失语、不乱语非常必要。面对网友的质疑、批评，政务人员应认真对待。只有与网民进行真诚交流，才能让民众理解政府所做的努力和付出，进而维护社会稳定。其次是政务微博定位要明确，政务微博应当以发布与职务相关的内容为主，有明确定位，保持一以贯之的质量和风格。公安、交通、食品药品监督等与群众打交道较多的部门更要有效管理微博，可以指定专人定时维护微博，及时发布信息，增强服务性。再次是增强政务微博的贴近性，网上网下联动，切实为民排忧解难。对于网上微博所涉及的实际问题，除了尽快在微博上答复和回应外，网下的相关部门还要建立快速反应机制，针对这些问题着手进行有效解决，提高群众的满意度。

成都学术沙龙（2012）图文集汇总表

序号	举办时间	举办单位	沙龙名称	参加人数
1	1月8日	市易学研究会	小平故里的风水考察	20
2	2月7日	青羊区社科联	青羊"产业倍增"	12
3	2月11日	市易学研究会	"易者象也"——周易预测原理与方法	40
4	2月12日	龙泉驿区社科联	"客家文化"	20
5	2月23日	新津社科联	办好学术沙龙大家谈	12
6	2月27日	青羊区社科联	青羊文化软实力	25
7	3月1日	温江区社科联	加快国际化进程思想再解放	28
8	3月1日	金牛区社科联	"北改"系列沙龙(一)	25
9	3月2日	锦江区社科联	推进国际化进程	30
10	3月7日	党校邓研会	文化产业进程	25
11	3月16日	青白江区社科联	以花为媒,搭车主题宣传	20
12	3月17日	家教促进会	品《周易》之精髓,论富(官,星)二代现象	20
13	3月23日	党校邓研会	领导干部应该具备什么样的媒介素养	30
14	3月23日	市国防教育学会	爱国防筑长城,百姓故事会	30
15	3月23日	金堂县社科联	志愿者行动在社区	20
16	3月24日	成都翻译协会	全国英语口译大赛川云贵藏地区复赛	300
17	3月27日	成都翻译协会	英汉翻译比赛	80
18	3月29日	邛崃社科联	"世界名酒酒庄小镇"建设中体现特色文化	20
19	3月30日	青白江区社科联	农业科技沙龙	35
20	3月31日	城市科学研究会	成都名城特色新认识与新构建研究	15
21	4月5日	金堂县社科联	和谐社区建设与管理	35
22	4月6日	家庭教育促进会	人际交往的艺术	15
23	4月8日	易学研究会	奇门遁甲与现代生活	20
24	4月11日	党校邓研会	文化产业园区可持续发展	30
25	4月20日	市翻译协会	口译大赛(一)	80
26	4月20日	金牛区社科联	"北改"文态建设(二)	20
27	4月27日	党校邓研会	领导干部如何面对媒体	28
28	4月28日	国学研究会	巴蜀全书佛教	15
29	4月29日	国学研究会	国学故事会	25
30	5月2日	成都中共党史	加快国际化进程思想再解放	14
31	5月3日	锦江社科联	打造精品锦江	30
32	5月8日	双流县社科联	社科联工作现状及对策探讨	28
33	5月9日	新津县社科联	河鲜美食节如何创意出新	10
34	5月9日	党校邓研会	文化发展与成都"两化"目标	35
35	5月13日	市易学研究会	紫微斗数与现代生活	20
36	5月18日	家庭教育促进会	咨询经历的分享	15
37	5月23日	邛崃市社科联	牟礼镇地域文化与镇乡发展	20
38	5月23日	彭州社科联	我的核心价值观	20
39	5月23日	青白江社科联	文艺创作学术沙龙	32
40	5月24日	双流社科联	天府新区建设主题沙龙(一)	50
41	5月25日	党校邓研会	天府新区建设主题沙龙(二)	30
42	5月25日	党校邓研会	"北改"系列沙龙(三)	30
43	5月25日	党校邓研会	建设天府新区对成都经济社会发展的影响	20
44	5月25日	党校邓研会	领导干部的媒体形象研究	30
45	5月25日	市翻译协会	口译大赛(二)	80
46	5月30日	工商管理学会	经济类学会工作沙龙	15
47	5月31日	彭州社科联	助推世界生态田园城市建设	12
48	6月8日	党校邓研会	推进成都产业跨越式发展	28
49	6月8日	双流社科联	媒体沟通与舆论引导	20
50	6月10日	郫县社科联	用特色文化打造镇域文化品牌	30
51	6月10日	易学研究会	风水学与时间空间	20
52	6月27日	家庭教育促进会	认知神经科学	15

序号	举办时间	举办单位	沙龙名称	参加人数	序号	举办时间	举办单位	沙龙名称	参加人数
53	6月28日	新津社科联	天府新区建设与牧马山农耕文化保护	10	80	9月19日	龙泉驿区社科联	客家方言国际学术研讨会	50
54	6月28日	薛涛研究会	文学历史类学会工作沙龙	20	81	9月19日	龙泉驿区社科联	客家文化高级论坛系列活动	200
55	6月29日	党校邓研会	发展生态产业，促进生态成都建设	30	82	9月20日	成都卫生经济学会	2012成都急诊论坛	70
56	6月29日	市翻译协会	口译大赛（三）	80	83	9月20日	成都卫生经济学会	皮肤医学美容	30
57	3月30日	龙泉驿区社科联	桃文化研究学术沙龙	20	84	9月21日	成都市国际税收研究会	促进小型微型企业发展及成都全域开放的税收政策研究	30
58	6月20日	成都卫生经济学会	皮肤疑难病案	30	85	9月21日	成都市委党校	宜人成都建设背景下的城市治理创断	20
59	7月6日	成都市工商局	成都市工商局执法办案骨干培训需求调研座谈会	20	86	9月27日	成都市工商学会	温江片区服务产业园区工作沙龙研讨会	20
60	7月8日	成都市易学会	道隐于小成——小成图预测应用	20	87	9月28日	新津县社科联	新津天府新区新行政中心建设大家谈	8
61	7月14日	蒲江社科联	中国文化产业与城市发展	240	88	10月11日	中共成都市委党校、成都日报	法国法治文化与中国法治	30
62	7月17日	成都卫生经济学会	心理查房的技巧及精神卫生与法律问题	40	89	10月12日	双流县社科联	槐轩文化学术沙龙	30
63	7月19日	成都工商学会	工商监督管理研讨会	40	90	10月12日	成都卫生经济学会	呼吸疾病治疗进展	50
64	7月20日	双流社科联	领略"川西夫子"学说精髓	30	91	10月14日	成都市易学研究会	易经和易学学术沙龙	26
65	7月24日	龙泉社科联	客家足迹行	20	92	10月18日	毛泽东诗词研究会	毛泽东诗词:革命的现实主义与浪漫主义	20
66	7月27日	双流社科联	天府新区低碳节能减排管理技术论坛	50	93	10月22日	成都工商学会	开展党建工作沙龙研讨会	20
67	8月4日	青白江社科联	加强和创新社会管理研究	75	94	10月26日	中共成都市委党校	政务微博对政府形象塑造问题研讨	30
68	8月12日	成都市易学会	太乙神数与自然灾害预测	20	95	10月26日	成都卫生经济学会	双相情感障碍	40
69	8月14日	新津社科联	发挥县作协职能 繁荣地方文学创作	15	96	11月1日	成华区社科联	北改产业沙龙	20
70	8月14日	成华区社科联	"北改"系列沙龙(四)	30	97	11月8日	金堂县社科联	深入学习十八大精神	11
71	8月16日	成都党史学会	党史资政建设	32	98	11月9日	成都职业技术学院、成都市思政课教研会	"后金融危机时代家庭理财漫谈"学术沙龙	20
72	8月16日	邛崃社科联	平乐古镇旅游现状与未来发展	20	99	11月11日	成都市易学研究会	中国古代术数基本原理	22
73	9月4日	郫县社科联	望丛诗歌沙龙活动	30	100	11月13日	成都翻译协会	繁荣翻译事业 促进合作交流	11
74	9月5日	成都薛涛研究会	学会换届工作的准备事宜及对学会发展的设想与规划等	15	101	11月15日	邛崃市社科联	夹关镇文化强镇建设学术沙龙	20
75	9月7日	成都市委党校	推行智慧城市管理，加快成都智慧城市建设	20	102	11月16日	中共龙泉驿区委宣传部、龙泉驿区社科联区文联	学术沙龙:中国书画名家文化下乡来学术沙龙会	15
76	9月9日	成都易学会	奇门遁甲与人文环境	20	103	11月20日	彭州市委党校	极重灾区党性教育基地建设学术沙龙	7
77	9月10日	成都市工商学会	职业差评师信用监管沙龙研讨会	40	104	11月20日	新津社科联	天府新区新津分区建设大家谈(沙龙)	30
78	9月16日	新都区社科联	新都文化建设大家谈	20	105	11月20日	成都卫生经济学会	重度精神疾病的处理	30
79	9月19日	成都翻译协会	加强创新合作交流 促进科学文化发展	12	106	11月20日	青羊区社科联、青羊区新闻传媒中心、青羊区社建办	"成都学术沙龙·青羊科学发展论坛"——社区主题文化建设	20

序号	举办时间	举办单位	沙龙名称	参加人数
107	11月21日	双流县社科联双流县籍田镇	学术沙龙"创新新型社区管理模式"	35
108	11月21日	成都市工商学会	支持北改工程产业发展	20
109	11月21日	成都职业技术学院软件分院	高职软件人才园区化培养模式探索	20
110	11月22日	成都薛涛研究会	巴蜀第一才女薛涛的人品与气节	20
111	11月22日	成都薛涛研究会	竹子知识	25
112	11月23日	金牛区社科联	"北改"产业业态建设沙龙	40
113	11月23日	成都市委党校	生态成都建设研究学术沙龙	30
114	11月25日	成都翻译协会	英语进社区促进国际化	30
115	11月27日	成都市工商学会	支持汽车产业与物流业发展	20
116	11月28日	蒲江县社科联	青年干部交流沙龙	25
117	11月29日	彭州市教研室、彭州市教育学会	青年教师教育教学艺术学术沙龙	25
118	11月29日	成华区社科联、四川创新社会发展与管理研究院	老旧院落整治与全域社区网格化管理服务模式沙龙	30
119	11月29日	郫县友爱镇	学术沙龙:一代大儒——扬雄	25
120	11月30日	郫县三道堰	学术沙龙:打造地域特色文化乡镇	35
121	11月30日	新都区委宣传部、新都区社科联、新都区民宗局	成都学术沙龙(宝光文化旅游去"3+模式"构想	35
122	12月3日	龙泉驿区社科联	"艺术心理治疗"科普活动	25
123	12月6日	龙泉驿区社科联、经开区汽车产业研究院	《产业集群产略与开发区发展研究》结题研讨会	35
124	12月6日	彭州市教研室、彭州市教育学会	青年教师"合作学习"探究暨课堂教学结构政革学术沙龙	25
125	12月7日	金牛区社科联、金牛去妇联	蜀绣的传承和发展	20
126	12月9日	成都市易学研究会	周易文化与人居环境	35
127	12月10日	双流县文旅委、双流县社科联	学术沙龙"文化创意产业与县域经济发展关系"	35
128	12月10日	青羊区纪委、青羊区委宣传部、青羊区社科联	"成都学术沙龙·青羊科学发展论坛"——岁末话廉	25

序号	举办时间	举办单位	沙龙名称	参加人数
129	12月11日	邛崃社科联	羌文化与邛崃	30
130	12月11日	新津社科联	新津农村合作社发展探讨(沙龙)	15
131	12月13日	郫县安靖镇	学术沙龙:社会建设管理	35
132	12月13日	都江堰市社科联	青城武术与四季养身	25
133	12月13日	成都职业技术学院、成都市思政课教研会	无私大爱,服务群众,努力建设美丽天府	40
134	12月14日	锦江区社科联	沙龙:加强社科力量服务中心工作	30
135	12月14日	彭州市教研室、彭州市教育学会	"小学生集体心理辅导"观摩暨优化心理教育实效性学术沙龙	35
136	12月15日	成都市思政课教研会、四川职业技术学院	"思想政治理论课课程建设经验交流"	40
137	12月18日	成都卫生经济学会	心理疾病治疗进展	25
138	12月18日	彭州市教研室、彭州市教育学会	推进城乡幼儿教育均衡发展学术沙龙	40

后 记

　　为进一步加大沙龙的传播力度，扩大沙龙的社会影响范围，使其更好地发挥社会科学的功能和作用，更好地服务于广大社科工作者，调动他们开展沙龙活动的积极性、主动性和创造性，提高区（市）县基层干部群众的理论、人文素养和文化水平，更好地满足广大干部群众的文化需求，我们特将"成都学术沙龙"2012年开展的活动整理编印成《成都学术沙龙（2012）图文集》一书。

　　《成都学术沙龙（2012）图文集》一书的编印，得到了各级领导的大力支持，得到了主讲专家、区（市）县社科联、学会、协会、高校干部群众及专业人士的积极配合。市社科联党组对此书的编印工作高度重视，进行了全面的策划和部署。市社科联党组书记、副主席程显煜同志多次对此书的编辑出版提出工作要求。市社科联副主席阎星具体组织编印工作，市社科联（院）学会学术部承担主要编印工作，参与编印工作人员有杨鸣、罗明、李敏、林锡红、王伟、王靖涵。杨鸣、李敏、王伟、王靖涵负责搜集、提供和初步整理文字和图片资料工作，林锡红、王伟负责精编文字和图片、撰写部分文稿等工作。在此，我们特向关心、支持、组织、参与本书编印工作的各位领导、专家、编辑、设计、校对的人士表示诚挚的谢意！

　　由于时间仓促，加之水平有限，疏漏在所难免，敬请广大读者批评指正。

《成都学术沙龙（2012）图文集》编辑委员会

2012年12月